空间结构系列图书

膜结构工程技术

李雄彦　等　编著

薛素铎　主审

中国建筑工业出版社

图书在版编目（CIP）数据

膜结构工程技术/李雄彦等编著．—北京：中国
建筑工业出版社，2022.12
（空间结构系列图书）
ISBN 978-7-112-28194-7

Ⅰ.①膜…　Ⅱ.①李…　Ⅲ.①薄膜结构-工程技术
Ⅳ.①TU33

中国版本图书馆 CIP 数据核字(2022)第 221758 号

本书阐述了膜结构基本概念、设计、制作、安装和消耗量计算等方面技术要点，共 7 章。第 1 章介绍了膜结构发展历程以及设计相关知识；第 2 章概括了膜结构的制作及质量控制的技术要点；第 3 章介绍了张拉膜结构的安装技术和项目管理要点；第 4 章介绍了 ETFE 膜结构的安装要点，分析了常见问题产生原因，并提出了相关建议；第 5 章从安装、调试与维护等方面详细介绍了气承式膜结构项目施工的关键技术；第 6 章阐述了膜结构工程的项目管理要点；第 7 章基于《膜结构工程消耗量标准》，介绍了膜结构工程概预算相关知识。

本书可作为膜结构工程项目经理培训的专业教材，也可供土木工程相关专业的设计和研究人员、大学教师、研究生、高年级本科生认识和学习膜结构。

责任编辑：刘瑞霞　梁瀛元
责任校对：李辰馨

空间结构系列图书
膜结构工程技术
李雄彦　等　编著
薛素铎　主审
*
中国建筑工业出版社出版、发行（北京海淀三里河路 9 号）
各地新华书店、建筑书店经销
北京科地亚盟排版公司制版
临西县阅读时光印刷有限公司印刷
*
开本：787 毫米×1092 毫米　1/16　印张：10　字数：248 千字
2022 年 12 月第一版　2022 年 12 月第一次印刷
定价：**96.00** 元
ISBN 978-7-112-28194-7
（40256）

编审委员会

序言

中国钢结构协会空间结构分会自1993年成立至今已有二十多年，发展规模不断壮大，从最初成立时的33家会员单位，发展到遍布全国各个省市的500余家会员单位。不仅拥有从事空间网格结构、索结构、膜结构和幕墙的大中型制作与安装企业，而且拥有与空间结构配套的板材、膜材、索具、配件和支座等相关生产企业，同时还拥有从事空间结构设计与研究的设计院、科研单位和高等院校等，集聚了众多空间结构领域的专家、学者以及企业高级管理人员和技术人员，使分会成为本行业的权威性社会团体，是国内外具有重要影响力的空间结构行业组织。

多年来，空间结构分会本着积极引领行业发展、推动空间结构技术进步和努力服务会员单位的宗旨，卓有成效地开展了多项工作，主要有：(1) 通过每年开展的技术交流会、专题研讨会、工程现场观摩交流会等，对空间结构的分析理论、设计方法、制作与施工建造技术等进行研讨，分享新成果，推广新技术，加强安全生产，提高工程质量，推动技术进步。(2) 通过标准、指南的编制，形成指导性文件，保障行业健康发展。结合我国膜结构行业发展状况，组织编制的《膜结构技术规程》为推动我国膜结构行业的发展发挥了重要作用。在此基础上，分会陆续开展了《膜结构工程施工质量验收规程》《建筑索结构节点设计技术指南》《充气膜结构设计与施工技术指南》《充气膜结构技术规程》等编制工作。(3) 通过专题技术培训，提升空间结构行业管理人员和技术人员的整体技术水平。相继开展了膜结构项目经理培训、膜结构工程管理高级研修班等活动。(4) 搭建产学研合作平台，开展空间结构新产品、新技术的开发、研究、推广和应用工作，积极开展技术咨询，为会员单位提供服务并帮助解决实际问题。(5) 发挥分会平台作用，加强会员单位的组织管理和规范化建设。通过会员等级评审、资质评定等工作，加强行业管理。(6) 通过举办或组织参与各类国际空间结构学术交流，助力会员单位“走出去”，扩大空间结构分会的国际影响。

空间结构体系多样、形式复杂、技术创新性高，设计、制作与施工等技术难度大。近年来，随着我国经济的快速发展以及奥运会、世博会、大运会、全运会等各类大型活动的举办，对体育场馆、交通枢纽、会展中心、文化场所的建设需求极大地推动了我国空间结构的研究与工程实践，并取得了丰硕的成果。鉴于此，中国钢结构协会空间结构分会常务理事会研究决定出版“空间结构系列图书”，展现我国在空间结构领域的研究、设计、制作与施工建造等方面的最新成果。本系列图书拟包括空间结构相关的专著、技术指南、技术手册、规程解读、优秀工程设计与施工实例以及软件应用等方面的成果。希望通过该系列图书的出版，为从事空间结构行业的人员提供借鉴和参考，并为推广空间结构技术、推动空间结构行业发展做出贡献。

中国钢结构协会空间结构分会　理事长
空间结构系列图书编审委员会　主任
薛素铎
2018 年 12 月 30 日

本书编委会

前　言

我国膜结构发展起步于20世纪90年代，进入21世纪，膜结构逐步广泛应用于大型公共建筑与工业建筑。过去20年（2002—2022年），我国膜结构工程建设数量、规模和技术创新堪称世界之最。如今，膜结构与我们的生活联系愈加紧密，膜结构应用范围也进一步扩大，除传统应用领域外，膜结构在城市更新、应急救援、户外露营等助力人民美好生活建设方面正在发挥积极作用。

中国钢结构协会空间结构分会自1993年11月成立以来，基于“规范行业管理、引领技术创新、构建交流平台、服务会员单位”的工作理念，在推动我国空间结构技术创新和促进行业发展等方面发挥了积极作用。

2002年，以蓝天先生为代表的第一代膜结构人，在我国积极宣传和推广膜结构，开启了中国膜结构建设的序幕。为适应行业发展需要，空间结构分会组织了一批关注、热爱和甘于奉献的专家学者和企业负责人，组建膜结构行业技术服务专家团队（成立之初为“膜结构专业委员会”），致力于膜结构应用推广与工程技术创新。依托专家团队，空间结构分会先后编制了《膜结构技术规程》《膜结构用涂层织物》《膜结构工程施工质量验收规程》《充气膜结构技术规程》《膜结构消耗量标准》《建筑膜结构国标图集》《充气膜体育设施技术规范》《充气膜结构设计与施工技术指南》等标准、图集和指南，逐步建立了较为完善的膜结构成套标准体系。

为适应膜结构工程建设人才培养需要，自2014年起，空间结构分会开始组织膜结构项目经理培训和研修，尝试通过人才培养提升行业技术水平。经过近10年的努力，现已培训近1500名优秀膜结构工程管理高端人才，对推进我国膜结构工程技术创新和提升建设水平发挥了重要作用。膜结构建筑与传统建筑有显著差异，在膜结构项目经理培训中，一直苦于无法选择合理的教材，给培训学员的学习和普及膜结构专业知识带来了困难。

基于上述原因，空间结构分会依托多年膜结构项目经理培训的工作积累，结合授课教案，组织相关专家编著完成了《膜结构工程技术》一书，借此见证“中国膜结构创新发展的二十周年”，也算是一份生日薄礼吧！

本书内容涉及认识膜结构、膜结构制作及质量控制、张拉膜结构安装、ETFE膜结构安装、气承式膜结构安装、膜结构项目管理和膜结构工程消耗量七部分。书稿的撰写基于膜结构项目经理培训授课老师向阳（华诚博远工程技术集团有限公司）、李中立（北京中天久业膜建筑技术有限公司）、瞿鑫（北京今盛杰膜结构科技有限公司）、韩更赞（北京泰克斯隆膜技术有限责任公司）、胡庆卫（北京圣焘建筑工程有限公司）、王平（北京今腾盛膜结构技术有限公司）和尹京梁（北京市机械施工集团有限公司）七位专家的授课课件和视频整理成文。全书由李雄彦（空间结构分会、北京工业大学）统筹撰稿，空间结构分会理事长、北京工业大学薛素铎教授审定全书。

本书的撰写与出版，空间结构分会秘书处各位同仁和膜结构专家团队给予了大力支持，胡洁承担了视频文件剪辑和整理，在此一并致谢！

感谢北京工业大学空间结构研究中心博士研究生张振和硕士研究生黄丽游、阮琳、詹璞玉、马炘烨、刘晓睿、李天成、王玉鑫、喀则、刘任坚、巩铭、闫浩森等同学在初稿的整理和校对工作中付出的努力！

在书稿撰写和图书出版过程中，中国建筑出版传媒有限公司刘瑞霞博士统筹协调，保证了图书于“膜结构创新发展二十周年”之际出版，作者谨致谢忱！

膜结构建筑造型多样、体系复杂，书稿写作“窥斑见豹”，难免“挂一漏万”，敬请业界同仁和读者批评指正！

李雄彦

2022 年 10 月于北京工业大学

目　录

第1章 认识膜结构

1.1 国外膜结构发展历程

1.1.1 膜结构的起源

如果追溯久远起源，帐篷便是膜结构的发展起点。然而，“膜”后追加“结构”二字，则道出了膜结构与帐篷（图 1-1）二者的本质，即是否有一套系统的理论支撑。

图 1-1 早期帐篷

1.1.2 早期膜结构

基于上述“膜结构”特征，早期膜结构研究开始于 20 世纪 50 年代。期间较为典型的案例见图 1-2、图1-3。从 20 世纪 50 年代起，随着膜结构作品陆续诞生，与膜结构对应的找形、计算、裁剪等理论分析方法和工程技术也发展起来。

(a) 1955年卡塞尔国家园林博览会

(b) 1967年蒙特利尔世博会德国馆

(c) 1957年科隆国家园林博览会

(d) 1972年慕尼黑奥林匹克中心

图 1-2 早期张拉膜结构

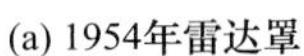

(a) 1954年雷达罩

(b) 1957游泳池

图 1-3　早期充气膜结构

1.1.3　经典膜结构案例

从 20 世纪 50 年代至今，国外已经建造了诸多膜结构，图 1-4 为膜结构发展史上较为经典的工程案例。

(a) 1970年日本大阪世博会美国馆

(b) 1970年日本大阪世博会富士馆

(c) 1973年PTFE美国LaVerne大学生活动中心

(d) 1982年ETFE荷兰博格斯动物园的红树林温室

图 1-4　经典膜结构工程（一）

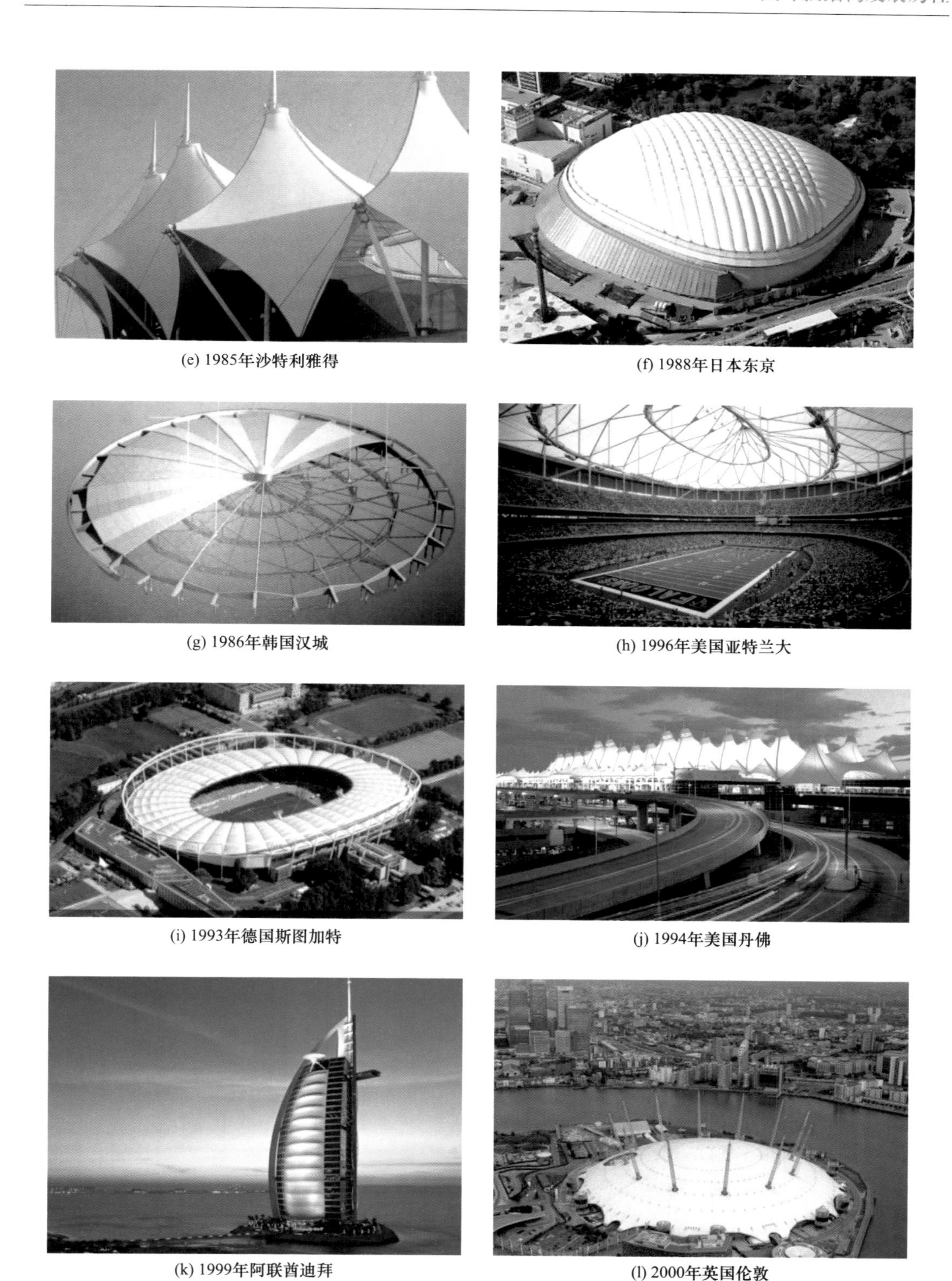

(e) 1985年沙特利雅得

(f) 1988年日本东京

(g) 1986年韩国汉城

(h) 1996年美国亚特兰大

(i) 1993年德国斯图加特

(j) 1994年美国丹佛

(k) 1999年阿联酋迪拜

(l) 2000年英国伦敦

图 1-4　经典膜结构工程（二）

(m) 2001年英国康沃尔

(n) 2006年德国慕尼黑

(o) 2012年波兰华沙

(p) 2012年德国慕尼黑（与太阳能结合）

(q) 2014年瑞士阿劳

(r) 2016年巴西里约奥运会

(s) 2018年俄罗斯世界杯

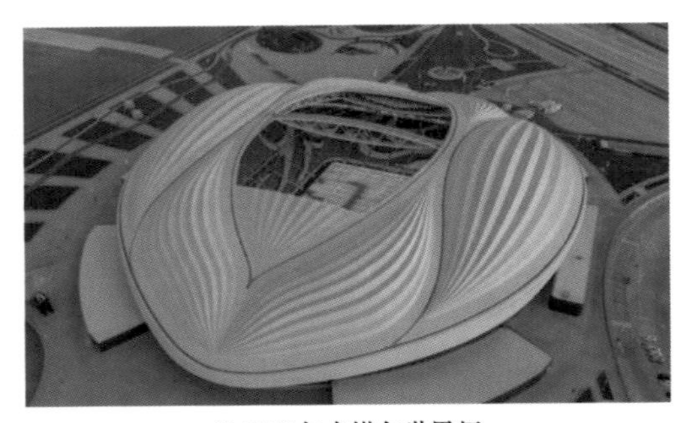

(t) 2022年卡塔尔世界杯

图 1-4　经典膜结构工程（三）

1.2 膜结构材料

1.2.1 膜材

膜材应根据建筑功能、膜结构所处环境和使用年限、膜结构承受的荷载以及建筑物防火要求选用不同类别的膜材。

一般建筑用膜材，可分为涂层织物类膜材和无织物热塑类膜材。

(1) 常见涂层织物类膜材，如 PVC、PTFE。

(2) 常见无织物热塑类膜材，如 ETFE。

1.2.2 涂层织物类膜材

涂层织物类膜材是指由高强度纤维织成基材和聚合物涂层构成的复合材料，膜材的品牌很多，但一般均由基材、涂层、面层组成。根据基材的不同，一般将涂层织物类膜材划分为 P 类和 G 类。涂层织物类膜材通用构造如图 1-5 所示。

(1) P 类：泛指在聚酯纤维织物基材表面涂覆聚合物的涂层织物类膜材。

(2) G 类：泛指在玻璃纤维织物基材表面涂覆聚合物的涂层织物类膜材。

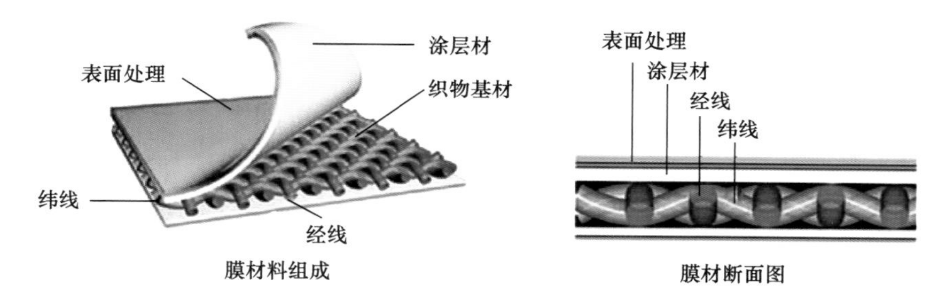

图 1-5 涂层织物类膜材通用构造

1. 织物基材

基材织物纤维种类、纱线规格、编织方法，将决定建筑用膜材的抗拉强度、抗撕裂强度、延伸率、弹性模量等力学性能。膜材织物基材的加工形成过程如图 1-6 所示。

图 1-6 膜材的织物基材形成过程

(1) 纤维

建筑膜材常用的有纤维有两类，即聚酯纤维和玻璃纤维（图 1-7）。

① 聚酯纤维（polyester fibre）是由有机二元酸和二元醇缩聚而成的聚酯经纺丝所得的合成纤维，简称 PES，是当前合成纤维的第一大品种。

② 玻璃纤维（glass fibre）由氧化硅与金属氧化物等组成的盐类混合物经熔融方式制成，建筑膜材中常用型号为 EC3（无碱、连续纤维、丝径 3μm）和 EC6。

（2）纱线

纱线是用某种纤维加工成一定细度用于织布的产品（图 1-8），建筑膜材中常用纱线细度和纱线密度来描述纱线。

图 1-7　膜材纤维

图 1-8　膜材纱线

① 纱线细度：一般用分特克斯（dtex）表示，是指 10000m 长的纱线在公定回潮率下重量的克数，1dtex＝1g/10000m。dtex 值越小，纱线越细。

② 纱线密度：在无折皱和无张力下，每单位长度所含的经纱根数和纬纱根数。我国国家标准是以“根/10cm”表示，但纺织企业仍习惯沿用“根/inch”。如 12×12，表示 1 英寸内经纱和纬纱分别为 12 支。

（3）织物

织物是由纱线通过交叉、绕结、连接构成的片状集合物，可分为机织物、针织物、无纺织物。

众多纱线构成稳定结构关系后即形成织物。交叉、绕结、连接是纱线能构成稳定结构关系的三种不同方式，使织物保持稳定的形态和特定力学性能。分析织物中纱线组及其运行方向、运行规律和形成关系，可以清晰地认识各种织物的特征。

① 机织物：由存在交叉关系纱线构成的织物。

② 交叉关系：两组纱线直线运动相遇后上下交替接触，构成正余弦曲线状稳定叠压的关系。两条或两组以上的相互垂直纱线，以 90°角作经纬交织而成织物，纵向的纱线叫经纱，横向的纱线叫纬纱，机织物也常称为梭织物。

③ 建筑膜材中使用的机织方式（图 1-9）主要是：平织（L1/1）、巴拿马编织(P2/2)。

④ 针织物：由存在绕结关系的纱线构成的织物。

⑤ 绕结关系：一组纱线作左右弯曲的曲线运动，互相临近的纱线环绕穿套构成的稳定关系。针织物是由纱线通过针织有规律的运动而形成线圈，线圈和线圈之间互相串套起来而形成的织物。就其编织方法（图 1-10）而言，可以分为经编和纬编两大类。

⑥ 建筑用膜材常用双轴向衬经衬纬经编织物。

2. 膜材特性

涂层织物类膜材的基材中纱线不同编织方式决定了织物膜材的材料非线性、正交各向异性和非弹性。

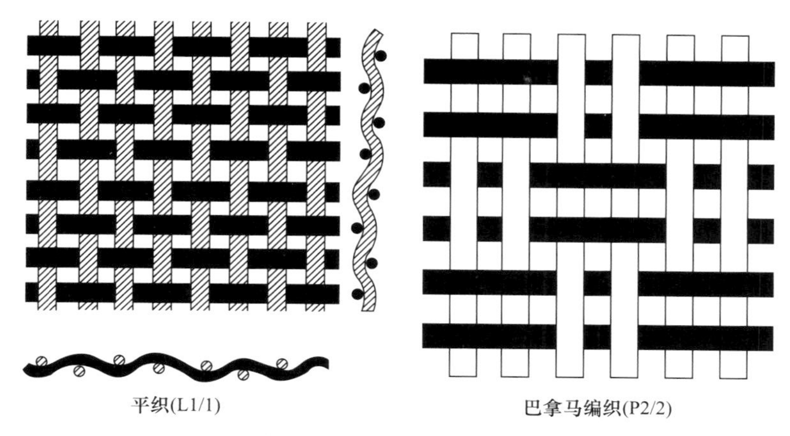

图 1-9 膜材常用的机织方式

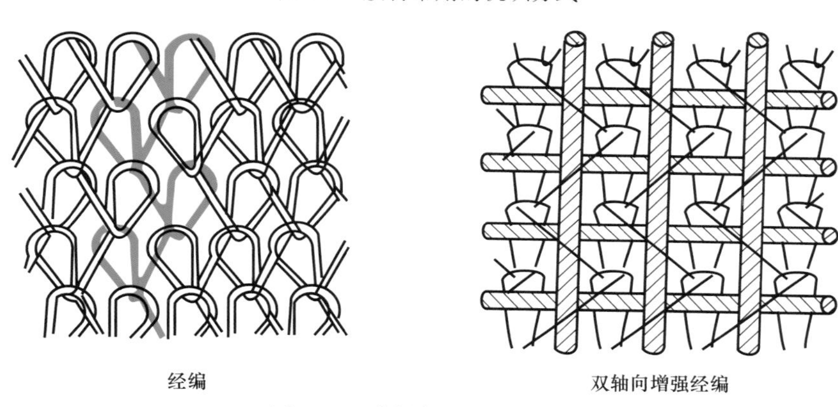

图 1-10 膜材常用的针织方式

（1）材料非线性：指材料的本构关系不呈线性，应力-应变关系不是直线。膜材非线性的程度与种类、应力水平有很大关系。

（2）各向异性：指材料的全部或部分性质随着方向改变而有所变化，在不同的方向上呈现出差异的性质。正交各向异性是指在互相垂直方向上具有不同的性能指标。

（3）非弹性：指在重复荷载作用下，加载曲线和卸载曲线不重合。通俗说法就是：材料在外力作用下产生变形，当外力去除后变形不能完全恢复。

3. 涂层织物类膜材的力学参数

涂层织物类膜材的力学参数包括：经向和纬向的极限拉伸强度、拉伸断裂变形、撕裂强度、经向和纬向的弹性模量、应力-应变曲线等。膜材的力学参数主要通过单轴拉伸试验或双轴拉伸试验测定。

（1）单轴拉伸试验可以测定膜材经向和纬向的极限拉伸强度、拉伸断裂变形等。

（2）双轴拉伸试验可以测定膜材经向和纬向的弹性模量、剪切模量，以及裁剪设计的补偿值。

十字形试件试验（图 1-11）是目前膜材双轴拉伸试验的常用方法，一般经向和纬向应力比分别为：1∶1、2∶1、1∶2、1∶0、0∶1。

通常涂层织物类膜材，除非生产厂商能够保证每批膜材力学参数的稳定性，否则每一批膜材都应该进行双轴拉伸试验，测得数据供膜结构设计采用。

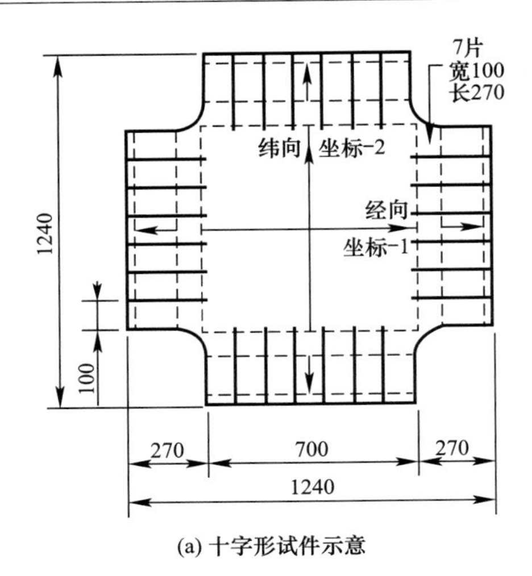

(a) 十字形试件示意

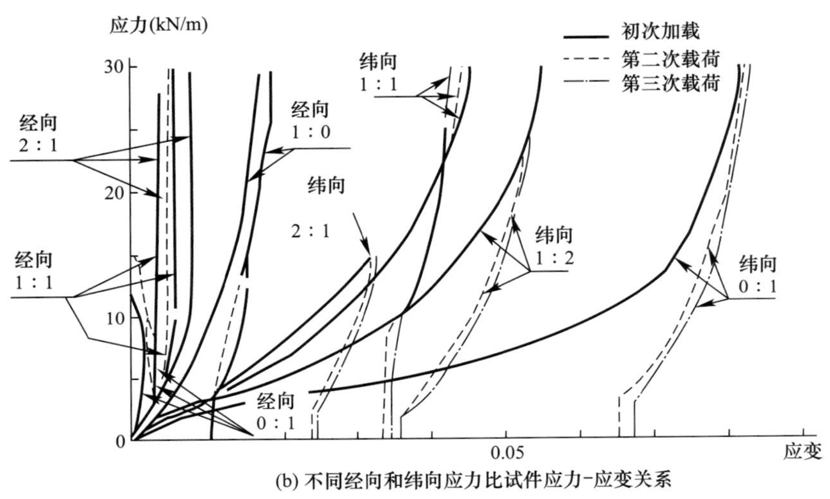

(b) 不同经向和纬向应力比试件应力-应变关系

图 1-11　十字形试件试验成果

4. 涂层

涂层的功能是保护织物基材，满足膜材防水、防潮、防污等要求。涂层种类、物料配方、涂覆工艺等决定了建筑用膜材的物理性能，如颜色、自洁性、耐久性、耐蚀性等。建筑用膜材的涂层材料常用的是 PVC、PTFE、Silicone。

PVC（聚氯乙烯）涂层具有弹性好、柔韧性好、透光率高、色彩丰富等优点，但抗腐蚀、抗紫外线、耐久性较差。因此，需要面层保护 PVC 涂层，使其具有自洁性、耐久性等功能。建筑用 P 类膜材的面层，按自洁性的优劣排序依次为 PVF、TiO、PVDF、Acrylic。

PTFE（聚四氟乙烯）涂层具有防潮、防菌、耐腐蚀、耐久性、自洁性好等优点，一般无需面层。

Silicone（硅树脂）涂层柔韧性好、耐腐蚀、耐久性好，但玻纤的高熔点与硅树脂的低熔点不匹配，热合加工比较困难。

将不同种类的涂层涂覆在不同类别的织物基材上，就形成了膜材（图 1-12）。建筑用膜材的涂覆工艺，常用的有三种：浸渍、刮涂、贴合。

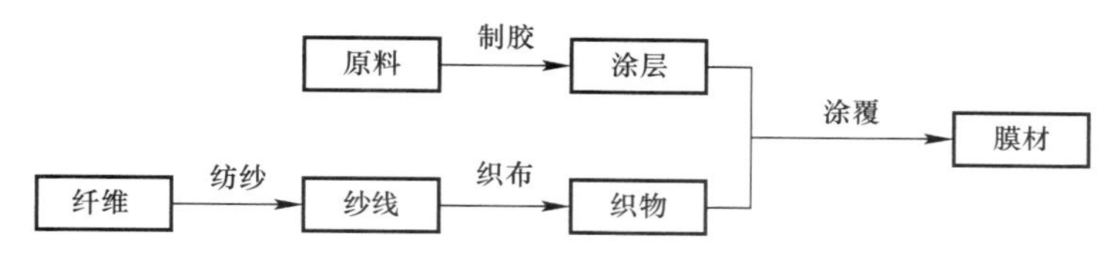

图 1-12 膜材常用的生产流程

（1）浸渍工艺：是指将织物基材浸入液体涂层物料中，再进入烘箱进行热处理，制成涂层织物产品（图 1-13）。该工艺的特点是涂层材料能有效地浸透到织物基材里，浸胶效果好、结合紧密，附着力强；缺点是涂覆量控制精度较差，且生产的产品均为双面。一般适用于对密封性能及附着力性能要求高的产品。

（2）刮涂工艺：是指将具有一定黏度的液体涂层物料，通过刮刀均匀地涂刮在织物基材上，再进入烘箱进行热处理，制成涂层织物产品（图 1-14）。该工艺能适应不同黏度的液体涂层物料，可灵活地控制上胶量，可生产单面或双面产品。生产效率高，涂层均匀稳定。一般适用于涂层精度要求高、涂覆量不大的产品。

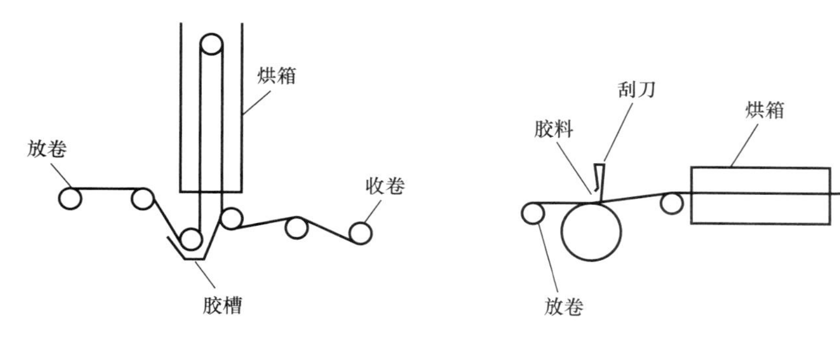

图 1-13 浸渍工艺示意图　　图 1-14 刮涂工艺示意图

（3）贴合工艺：是指将经过压延的涂层物料，通过热压与织物基材进行复合，得到涂层织物的工艺方法（图 1-15）。该工艺的特点是适合涂层厚度厚、上胶量大的产品，产品表面光亮均匀，但上胶均匀性要求高。涂层材料的涂覆量由胶片决定，产品质量稳定，生产效率高。一般适用于对表观质量要求高的产品。

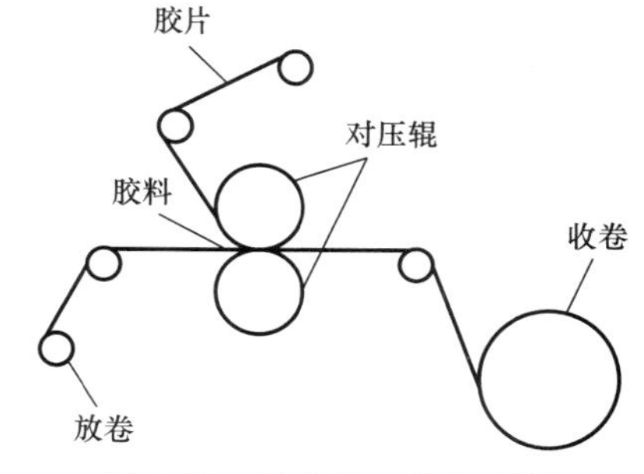

图 1-15 贴合涂工艺示意图

5. 常用涂层织物类膜材与等级

常用涂层织物类膜材与等级见表 1-1、表 1-2。

常用 G 类膜材等级　　**表 1-1**

代号	经/纬向极限抗拉强度标准（N/5cm）	丝径（μm）	厚度（mm）	质量（g/m²）
G3	3200/2500	3、4 或 6	0.25～0.45	≥400
G4	4200/4000	3、4 或 6	0.40～0.60	≥800
G5	6000/5000	3、4 或 6	0.50～0.95	≥1000
G6	6800/6000	3、4	0.65～1.0	≥1100

续表

代号	经/纬向极限抗拉强度标准（N/5cm）	丝径（μm）	厚度（mm）	质量（g/m²）
G7	8000/7000	3、4	0.75～1.15	≥1200
G8	9000/8000	3、4	0.85～1.25	≥1300

常用P类膜材等级　　表1-2

代号	经/纬向极限抗拉强度标准（N/5cm）	厚度（mm）	质量（g/m²）
P2	2200/2000	0.45～0.65	≥500
P3	3200/3000	0.55～0.85	≥750
P4	4200/4000	0.65～0.95	≥900
P5	5300/5000	0.75～1.05	≥1000
P6	6400/6000	1.0～1.15	≥1100
P7	7500/7000	1.05～1.25	≥1300

1.2.3 无织物热塑类膜材

1. 典型的无织物热塑类膜材——ETFE膜材

ETFE膜材（图1-16a）一般是将ETFE（Ethylene-Tetra-Fluoro-Ethylene乙烯-四氟乙烯共聚物）粉末或颗粒加热至380℃以上，达到熔融状态的树脂浆，通过热压轮挤压，最终定型成标准厚度和幅宽的ETFE膜材。膜材厚度通常为100～250μm。纯净的ETFE无色，可加工得到透明的膜材，透光率高达95%。

在ETFE原料中混入添加剂进行染色，可以得到各种颜色的膜材。如果希望得到不同的透光率，可通过在膜材表面上印刷一定密度的圆点或图案来实现（图1-16b）。

(a) ETFE颗粒

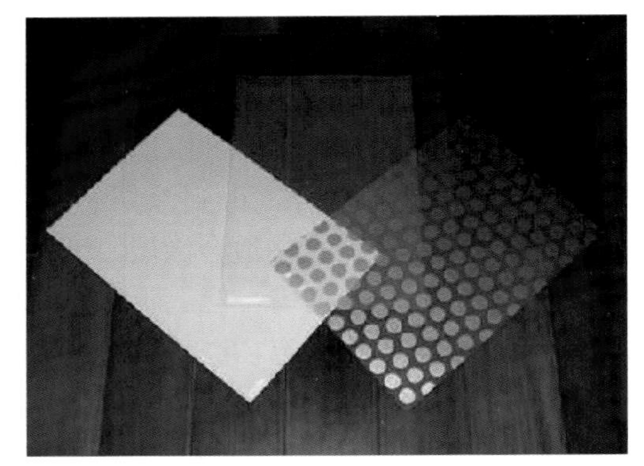

(b) ETFE膜材

图1-16　ETFE膜材

2. 无织物热塑类膜材力学性能

无织物热塑类膜材为各向同性均质材料，其强度指标可通过单轴拉伸试验确定。根据单轴拉伸试验曲线的特点，ETFE膜材的强度指标包含了第一屈服强度、第二屈服强度以及极限抗拉强度（图1-17），表1-3中列出了E类膜材第一、第二屈服强度及极限抗拉强度标准值。

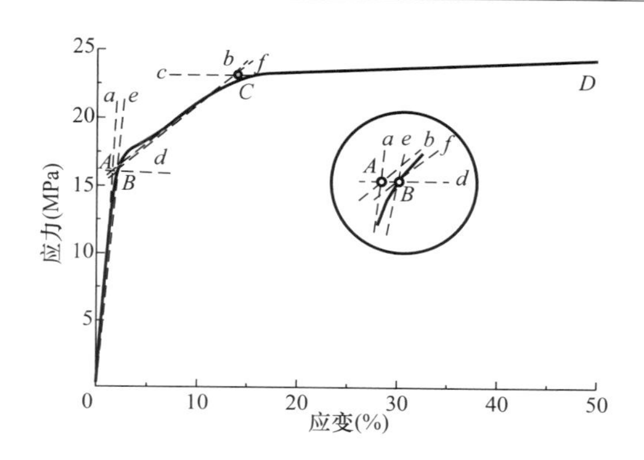

图 1-17 单轴拉伸试验曲线

注：B 点即为第一转折点，为第一屈服强度，用于张拉式 ETFE 膜结构。
C 点即为第二转折点，为第二屈服强度，用于气枕式 ETFE 膜结构。

E 类膜材第一、第二屈服强度及极限抗拉强度标准值（N/mm²） **表 1-3**

第一屈服强度标准值	第二屈服强度标准值	极限抗拉强度标准值
16.3	22.5	36.8

ETFE 膜材断裂时可发生 400%左右的变形，但第一屈服点和第二屈服点对应的应变只有 2%～3%和 15%～20%。当应力小于第一屈服点时可认为是各向同性的线弹性材料。

如图 1-17 所示，取 O 点与 B 点、B 点和 C 点的连线的斜率分别作为 ETFE 膜材的第一、第二弹性模量，其数值分别为 650MPa、50MPa。第二弹性模量不到第一弹性模量的 1/10，说明处于该应力阶段的 ETFE 膜材已进入塑性阶段。

表 1-4 列出了 E 类膜材的基本参数。

E 类膜材密度、弹性模量和泊松比 **表 1-4**

密度（g/cm³）	弹性模量（N/mm²）	泊松比
1.75	650	0.42

1.2.4 其他类别的膜材

(1) 无涂层类膜材：即膜材没有涂层，直接由织物基布构成。如织物基布纤维为氟化物纤维（ePTFE）。

(2) 网格类膜材：即织物基布有一定的开孔率的膜材。开孔率根据需要，可以取 5%～70%，透光率一般为 20%～70%。织物基布采用 P 类，也可为 G 类。网格类膜材（图 1-18）又可分为“网格膜”和“网格覆膜”两大类。

图 1-18 网格类膜材

1.2.5 各类常见膜材对比

表 1-5 将三大类型膜材进行了汇总对比。

每一类膜材都有不同的特性，在实际工程中需要合理采用，没有绝对优劣之分。表1-6为常用膜材特点的对比。

三种类型膜材参数汇总　　表1-5

	G类膜材		P类膜材				E类膜材
代号	GT	GS	PCF	PCT	PCD	PCA	E
基材	玻璃纤维	玻璃纤维	聚酯纤维	聚酯纤维	聚酯纤维	聚酯纤维	ETFE
涂层	PTFE	SILICONE	PVC	PVC	PVC	PVC	ETFE
面层			PVF	TiO2	PVDF	ACRYLIC	ETFE
自洁效果	优	良	良	良	较好	一般	优
设计使用年限	＞25	＞20	15～20	15～20	15～20	10～15	＞25
反射率（%）	70～80		75～85				
透光率（%）	8～18		6～13				95
耐火性能	阻燃		阻燃				阻燃

各类常用膜材特点对比　　表1-6

	外膜	高透膜（网格覆膜）	网格膜	吸声膜（内膜）
强度	很高	高	高	中
开孔率（%）	0	0	20～70	1～3
透光率（%）	8～15	20～60	30～70	20～40
透景	N	N	Y	N
透气	N	N	Y	Y
透水	N	N	Y	N
吸声系数	反射	反射	穿透	0.4～0.75
自洁性	很好	好	较好	中

1.2.6　拉索

从力学角度看，拉索就是只有抗拉刚度，没有抗压刚度和抗弯刚度的单元。从工程角度定义，拉索是截面尺寸远小于其长度的、具有一定预张力的受拉构件。

空间结构领域的索，通常采用钢丝绳、钢绞线、钢丝束、钢拉杆。

1. 钢丝绳

钢丝绳捻距一般是直径的5～8倍，钢丝的极限抗拉强度可选用1570MPa、1670MPa、1770MPa、1870MPa、1960MPa等级别。钢丝绳的弹性模量不小于1.2×10^{5}MPa，捻距小、捻角大，柔软性好、易弯曲；但截面含钢率偏低，钢丝缠绕的重复次数较多，强度及弹性模量均低于其他种类的索。钢丝绳通用构造示意图如图1-19所示。

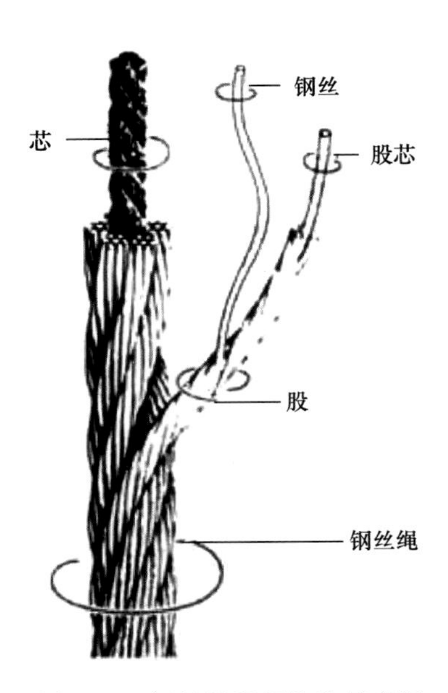

图1-19　钢丝绳通用构造示意图

钢丝绳可分为纤维芯钢丝绳和钢丝芯钢丝绳，空间结构中应选用无油镀锌钢芯钢丝绳。

2. 钢绞线

钢绞线捻距一般小于直径的 14 倍，钢丝的极限抗拉强度宜选用 1670MPa、1770MPa、1860MPa 等级别，钢绞线的弹性模量不小于 1.6×10^5 MPa。钢绞线示意如图 1-20 所示。

钢绞线可分为镀锌钢绞线、铝包钢绞线、高强度低松弛预应力钢绞线、不锈钢钢绞线、高钒镀层钢绞线（Galfan 索）、密封钢绞线等。

注：密闭索与高钒索的主要区别在于密闭索外围由 Z 形的钢丝进行碾制，提高了索的防腐性能。

钢绞线的捻距和捻角，均介于钢丝绳和钢丝束之间，因此兼具两者的优点，强度高，弹性模量大，抗扭转、抗滑移性能好，运输安装方便。近年来，高钒索和密封索在空间结构领域得到了大量应用。

图 1-20　钢绞线示意图

3. 钢丝束

钢丝束捻距一般大于直径的 15 倍，也称半平行钢丝束，多在施工现场捻制，外套 HDPE 保护层。钢丝的直径一般为 5mm 和 7mm，极限抗拉强度宜选用 1670MPa、1770MPa 等级别，钢丝束的弹性模量不小于 1.9×10^5 MPa。

钢丝束捻距大、捻角小，因此钢丝排列紧密、受力均匀，接触应力低，能够充分发挥高强度钢丝的性能，强度高、弹性模量大；但抗扭稳定性较差，需要现场捻制，通常用于桥梁拉索中。钢丝束通用构造示意如图 1-21 所示。

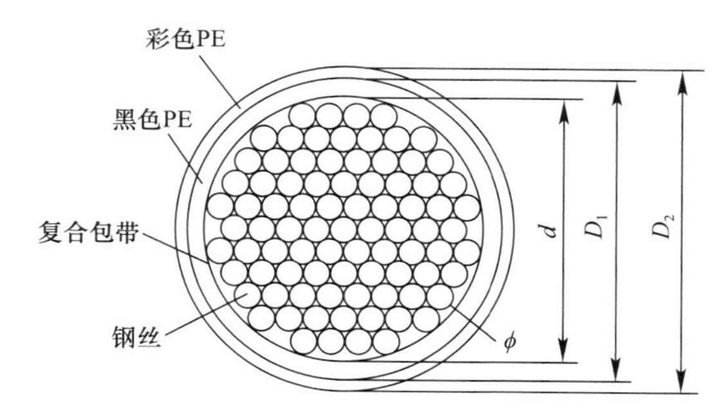

图 1-21　钢丝束通用构造示意图

4. 钢拉杆

钢拉杆（图 1-22）的材质有合金钢和不锈钢两种，屈服强度有 235～1080MPa 等多个级别，钢拉杆的弹性模量不小于 2.0×10^5 MPa。

钢拉杆在韧性、疲劳寿命、整体一致性、防火性能、防腐性能、施工安装、索力监测等方面，均优于钢丝类索，但其只能应用于直线形的场合。

5. 锚具

在膜结构工程中，拉索锚具常用的类型如下：热铸锚、压制锚、冷铸锚、夹片锚、挤压锚。

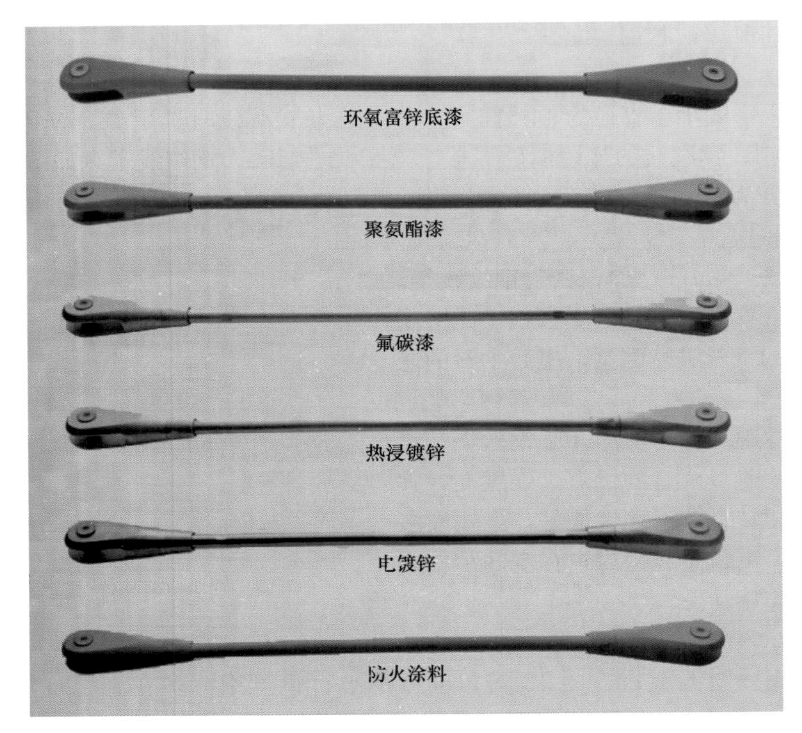

图 1-22　钢拉杆

热铸锚（图 1-23），锚具采用低熔点的锌铜合金填料进行浇铸，合金熔液冷却后锚住索体。叉耳式连接的热铸锚具是目前在空间结构领域应用最多的一种形式。

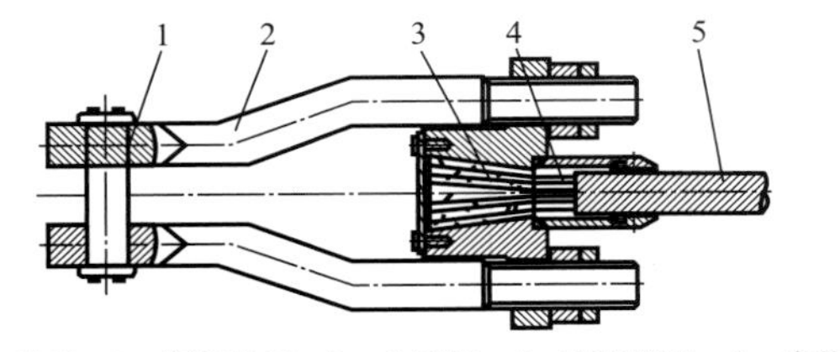

1—销轴；2—螺杆锚环；3—热铸料；4—高强钢丝；5—索体

图 1-23　热铸锚示意图

压制锚（图 1-24），锚具通常采用高强度钢材做成索套，在高压下环向挤压成型，握裹住索体。压制锚具加工制作比较简单，适用于索力较小的情况。

冷铸锚（图 1-25），锚具采用环氧树脂、铁砂、固化剂、增韧剂等搅拌后浇入锚杯，凝固后与索体形成锥塞锚住索体。

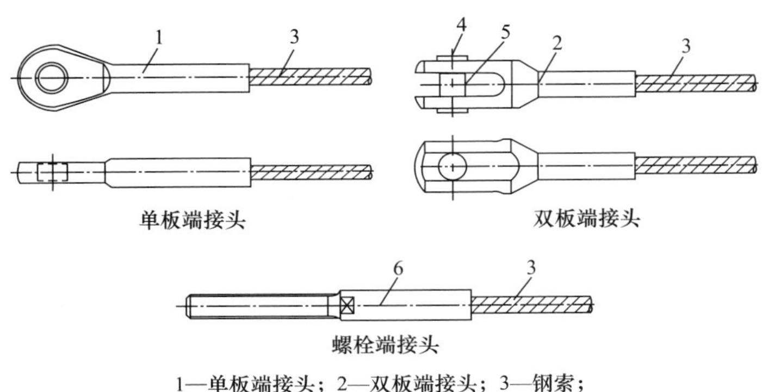

1—单板端接头；2—双板端接头；3—钢索；
4—端盖；5—销轴；6—螺栓端接头

图 1-24　压制锚示意图

采用了螺纹螺母连接，适用于大吨位索力的情况，并能调整索力值。

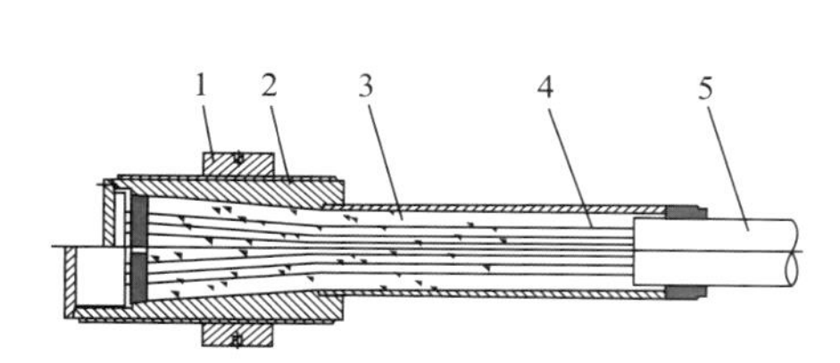

1—螺母；2—锚环；3—冷铸料；4—高强钢丝；5—索体

图 1-25 冷铸锚示意图

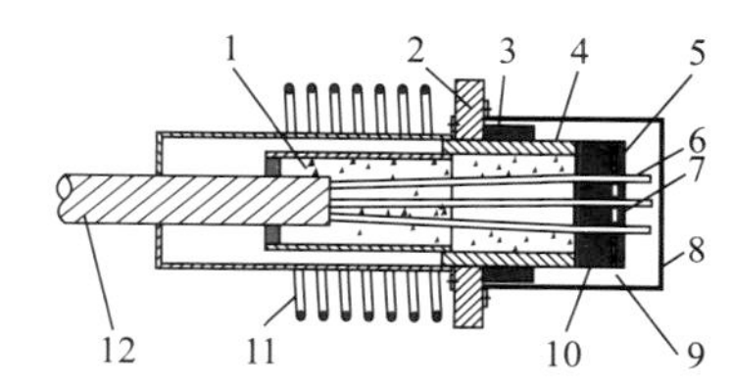

1—环氧砂浆；2—垫板；3—螺母；4—支撑筒；5—夹片；6—钢绞线；7—防松装置；8—保护罩；9—防腐油脂；10—锚板；11—螺旋筋；12—索体

图 1-26 夹片锚示意图

夹片锚（图 1-26），锚具一般是利用夹片与索体的摩擦阻力来锚固索体。适用于大距离调节张拉引伸量情况。

挤压锚（图 1-27），锚具通常是通过专用机具挤压，使挤压套产生径向塑性变形后紧握索体。采用了螺母承压连接，适用于大吨位索力情况，并能够调节索力值。

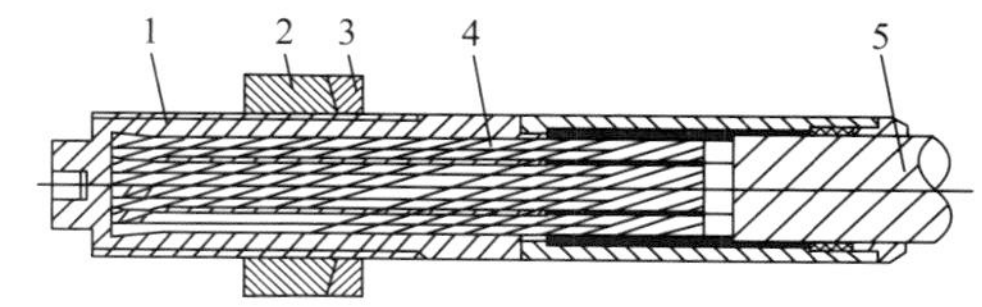

1—锚固套；2—螺母；3—球垫；4—钢绞线；5—索体

图 1-27 挤压锚示意图

6. 锚具的调节方式

锚具的调节方式（图 1-28）主要有：螺杆调节型、套筒调节型、双螺杆型。

螺杆调节型和套筒调节型的锚具，张拉后套筒与螺杆间有一定的间隙预拉力损失，一般用于索力较小、对索拉力准确值要求不严格的情况。

双螺杆连接的锚具适用于需要准确张拉索力值及可大距离调节张拉量的情况。

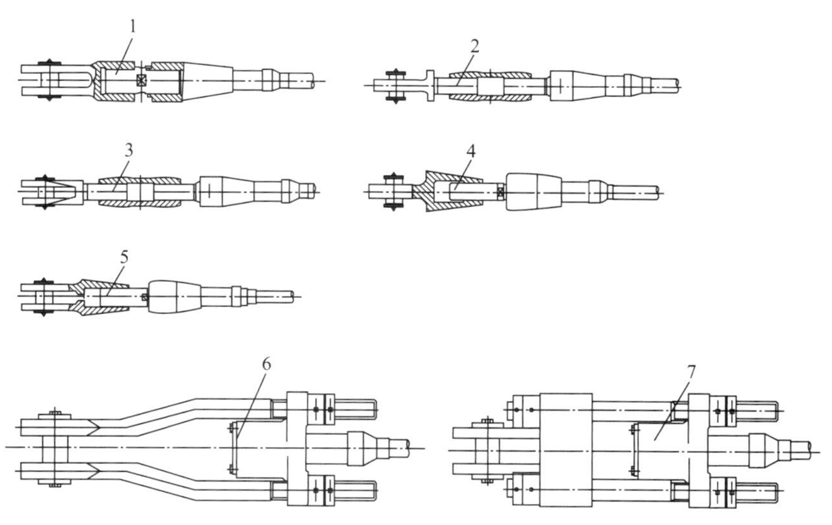

1—双耳双向螺杆调节型；2—单耳套筒调节型；3—双耳套筒调节型；4—单耳单向螺杆调节型；5—双耳单向螺杆调节型；6—双螺杆Ⅰ型；7—双螺杆Ⅱ型

图 1-28 锚具的调节方式示意图

7. 拉索计算简介

（1）按使用位置可分为脊索、谷索、边索、背索等。

（2）拉索的抗拉力设计值应按下式计算：

$$F = F_{tk}/\gamma_R \tag{1-1}$$

式中：F——拉索的抗拉力设计值（kN）；

F_{tk}——拉索的极限抗拉力标准值（kN）；

γ_R——拉索的抗力分项系数，取 2.0；当为钢拉杆时取 1.7。

（3）拉索下料前应进行预张拉。同时拉索的制作长度应考虑预拉力的影响。

1.3　膜结构的计算分析

1.3.1　膜结构的类型

依据《膜结构技术规程》CECS 158：2015 的规定，膜结构常见形式包括以下四类：整体张拉式膜结构、骨架支承式膜结构、索系支承式膜结构、空气支承式膜结构。四类膜结构见图 1-29。

1. 整体张拉式膜结构

整体张拉式膜结构可由桅杆等支承构件提供吊点，并在周边设置锚固点，通过预张拉而形成稳定的体系。

2. 骨架支承式膜结构

骨架支承式膜结构应由钢构件或其他刚性结构作为承重骨架，在骨架上布置按设计要求张紧的膜材。

3. 索系支承式膜结构

索系支承式膜结构应由空间索系作为主要承重结构，在索系上布置按设计要求张紧的膜材。

4. 空气支承式膜结构

空气支承膜结构应具有密闭的充气空间，并应设置维持内压的充气装置，借助内压保持膜材的张力，形成设计要求的曲面。

通常空气支承式膜结构具体又可分为：气承式、气枕式、气肋式。

气承式膜结构是在整座膜结构建筑内充气，人处于充气空间内部，可称为整体充气式膜结构；气肋式和气枕式是仅在结构的构件内充气，人处于充气空间外部，可称为局部充气式膜结构。

膜结构的计算分析可以分为三个主要阶段，如图 1-30 所示。

（1）初始形态分析

（2）荷载效应分析

（3）裁剪分析

(a) 整体张拉式膜结构

(b) 骨架支承式膜结构

(c) 索系支承式膜结构

(d-1) 空气支承膜结构(气承式)

(d-2) 空气支承膜结构(气枕式)

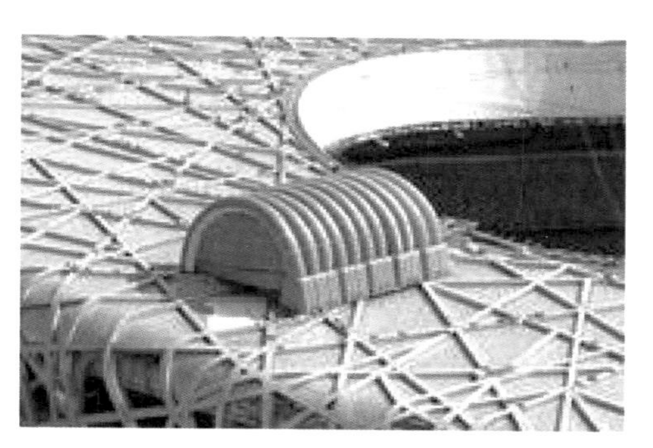

(d-3) 空气支承膜结构(气肋式)

图 1-29 膜结构的四种形式

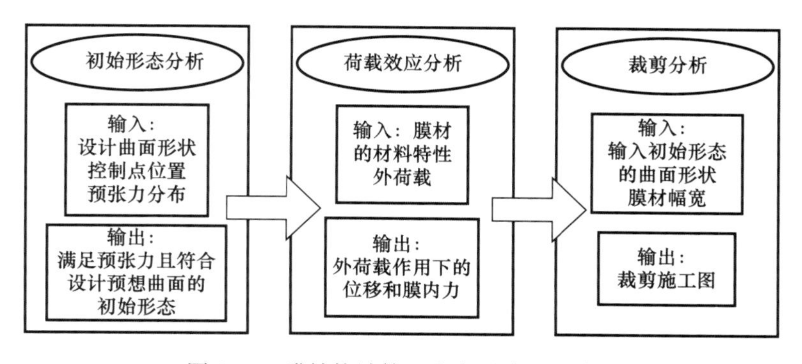

图 1-30 膜结构计算三个主要阶段的关系

1.3.2 初始形态分析

所谓的“形”就是几何意义上的形状；所谓的“态”就是结构的内力分布状态。

初始形态为满足边界条件和力平衡条件的膜结构初始形状和对应的预张力分布状态。初始形态分析可采用非线性有限元法、动力松弛法和力密度法等分析方法。

对常用的建筑膜材，其初始形态预张力水平可在下列范围内选取：

G类膜材 2～6kN/m；

P类膜材 1～4kN/m；

E类膜材 0.7～1.2kN/m。

1.3.3 荷载效应分析

膜结构设计应采用以概率理论为基础的极限状态设计方法，以分项系数设计表达式进行计算，膜结构设计荷载组合见表1-7。

膜结构设计荷载组合 表1-7

组合类型	参与组合的荷载
第一类组合	G，Q，P（p）
第二类组合	G，W，P（p）
	G，W，Q，P（p）
	其他作用（E、T、S）

注：表中G为恒荷载，W为风荷载，Q为活荷载与雪荷载中的较大者，P为初始预张力，p为空气支承式膜结构的内压值。荷载分项系数和组合系数，应按《建筑结构荷载规范》GB 50009—2012取值，P（p）的荷载分项系数和组合系数，可取1.0。

空气支承式膜结构主要依靠膜结构内压来抵抗外荷载。充气膜的内压设定包括多个情况。工作内压为充气膜结构在正常使用阶段时的充气压力，应根据不同的使用阶段、风荷载和雪荷载的大小，设定不同的充气压力值。

从结构计算角度，工作内压一般包括：初始工作内压P_0，风荷载时工作内压$P_{max,w}$，雪荷载时工作内压$P_{max,s}$。

1. 初始工作内压（基准工作内压）P_0

充气膜结构在正常天气情况下的基准工作内压设定值，为结构初始形态设计时（找形或找态）的充气压力值，对应膜面初始预张力和索网初始预拉力。此内压下的初始形态是膜裁剪设计和索网下料长度的基准，也是后续结构强度和变形计算的基准。

$$1.0G+1.0P_0 \tag{1-2}$$

2. 风荷载时工作内压$P_{max,w}$

充气膜结构在强风来临时（或来临之前），根据控制系统设定所达到的充气压力值。控制系统可以依据风速的不同等级，设定一个或多个不同的工作内压。结构计算时，取其中最大值作为风荷载组合时内压值，包括但不限于下列组合：

$$0.9G+1.0P_{max,w}+1.5W \tag{1-3}$$

$$1.3G+1.0P_{max,w}+1.5W+1.5\times0.7Q \tag{1-4}$$

注：变形验算分项系数均取1.0。

3. 雪荷载时工作内压 $P_{max,s}$

充气膜结构在暴雪来临时（或来临之前），根据控制系统的设定所达到的充气压力值。控制系统可以依据降雪量的不同等级，设定一个或多个不同的工作内压；结构计算时，取其中最大值作为雪荷载组合时内压的取值，包括但不限于下列组合：

$$1.3G + 1.0P_{max,s} + 1.5Q \quad (1-5)$$

$$1.3G + 1.0P_{max,s} + 1.5Q + 1.5 \times 0.6W \quad (1-6)$$

注：变形验算分项系数均取1.0。

4. 最大内压（过压预警值）P_{max}

实际工程中，还会设定一个比极端天气时 $P_{max,w}$ 和 $P_{max,s}$ 都大一些的内压值 P_{max}，作为充气膜结构内压冗余，以备在特殊情况下使用。同时是风机、进出门、应急门等设备设施，在设计或选用时的依据。控制系统在监测到充气膜内压超过此数值时应报警，充气系统应减小充气压力，否则可能造成设备损坏。结构计算时可不考虑此种工况，但需要进行强度验算：

$$1.0G + 1.0P_{max} \quad (1-7)$$

5. 最小内压（失压预警值）P_{min}

实际工程中，在结构维护、设备检修调试等非正常使用阶段，充气膜结构的内压需要减小。会设定一个内压值 P_{min}，作为保持充气膜结构体系稳定性所需要的最小充气压力值（表1-8）。控制系统在监测到充气膜内压低于此数值时应报警，充气系统应加大充气压力，否则结构将处于不稳定状态。结构计算时可不考虑此种工况，但需要进行找形验算：

$$1.0G + 1.0P_{min} \quad (1-8)$$

内压设定表 **表1-8**

内压值（由小渐大）		控制系统	结构计算
最小内压	P_{min}	失压预警值	可不参与结构计算
工作内压	初始工作内压 P_0	正常使用阶段的基准内压	初始形态设计时的内压取值
	风荷载工作内压 $P_{max,w}$	强风来临时（或之前）内压值可设定一个或多个档位	有风荷载参与组合时的内压最大值
	雪荷载工作内压 $P_{max,s}$	暴雪来临时（或之前）内压值可设定一个或多个档位	有雪荷载参与组合时的内压最大值
最大内压	P_{max}	过压预警值	可不参与结构计算

在各种荷载作用下，膜面各点的最大主应力应满足下列要求：

$$\sigma_{max} \leqslant f \quad (1-9)$$

$$f = \xi \cdot f_k / \gamma_R \quad (1-10)$$

式中：σ_{max}——各种荷载组合作用下的最大主应力值；

f——对应最大主应力方向的膜材抗拉强度设计值；

f_k——膜材抗拉强度标准值，G类和P类膜材，取极限抗拉强度标准值；E类膜材，当为非充气膜时取第一屈服强度标准值，当为充气膜时取第二屈服强度标准值；

ξ——强度折减系数；

γ_R——膜材抗力分项系数，G类和P类膜材，对第一类荷载效应组合取5.0，对第二类取2.5；E类膜材，对第一类荷载效应组合，当为非充气膜时取1.8，为充气膜时取1.4，对第二类荷载效应组合时取1.2。

对膜结构进行抗风分析时，骨架支承式膜结构，风振系数可取1.2～1.5；张拉膜结构，风振系数可取1.5～1.8；气承式和气肋式膜结构，风振系数可取1.2～1.6；气枕式膜结构，可参考规范中阵风系数取值。

按正常使用极限状态设计时，整体张拉式和索系支承式膜结构，其最大整体位移在第一类荷载效应组合作用下不应大于跨度的1/250或悬挑长度的1/125；在第二类荷载效应组合作用下不应大于跨度的1/200或悬挑长度的1/100。对于桅杆顶点，其侧向位移值不应大于桅杆长度的1/250。骨架支承式膜结构，其最大位移应符合骨架结构相关设计规范的规定。空气支承式膜结构，膜面的水平最大位移，不宜大于气承式膜结构高度的1/10；竖向最大位移不宜大于跨度的1/30。结构中各膜单元内膜面的相对法向位移，不应大于单元名义尺度的1/15。

1.3.4　裁剪分析

膜结构裁剪分析应在初始形态分析确定的曲面基础上，在空间曲面上确定膜片间的裁剪线，获得与空间膜片最接近的平面展开膜面。

膜结构的裁剪可采用测地线法和平面相交法等。确定裁剪线时，应考虑下列因素：裁剪线布置的美观性；根据膜材幅宽，尽量有效利用膜材；适应膜材正交异性的特点，使膜材的纤维方向与计算的主受力方向一致。

膜结构的裁剪分析必须考虑初始预张力及膜材徐变特性的影响，应根据所用膜材的材性，合理确定各膜片的收缩量，并对膜片的裁剪尺寸进行调整。

索膜结构专用软件或结构分析通用软件均可以进行膜结构设计。其中：

索膜结构专用软件包括：

国内：3D3S、SMCAD；

国外：EASY、ForTen。

结构分析通用软件包括：

ANSYS、MIDAS、ABAQUS、SAP等。如果等代模拟准确，可以用于计算分析，但不适用于裁剪分析。

1.4　节点设计

膜结构的节点设计有以下几点常规要求：

（1）膜结构连接构造应保证连接的安全、合理、美观。

（2）膜结构连接构造设计应考虑施加预张力的方式、支承结构安装允许偏差，以及进行二次张拉的可能性。

（3）有特殊要求的连接构造应具有可靠的水密性、气密性。

（4）膜结构连接构造应采取可靠措施防止膜材的磨损和撕裂。

（5）膜结构连接件应不先于所连接的膜材、拉索或钢构件破坏并不产生影响结构受力性能的变形。

（6）金属连接件应采取可靠的防腐蚀措施。

1.4.1 膜片的连接

膜片之间的主要受力缝应采用热合连接，其他连接缝也可采用粘结或缝合连接。膜片之间的连接可采用搭接或对接方式。热合连接的搭接缝宽度，应根据膜材类别、厚度和连接强度的要求确定，对G类膜材不宜小于50mm，对P类膜材不宜小于25mm，对E类膜材不宜小于10mm（图1-31）。

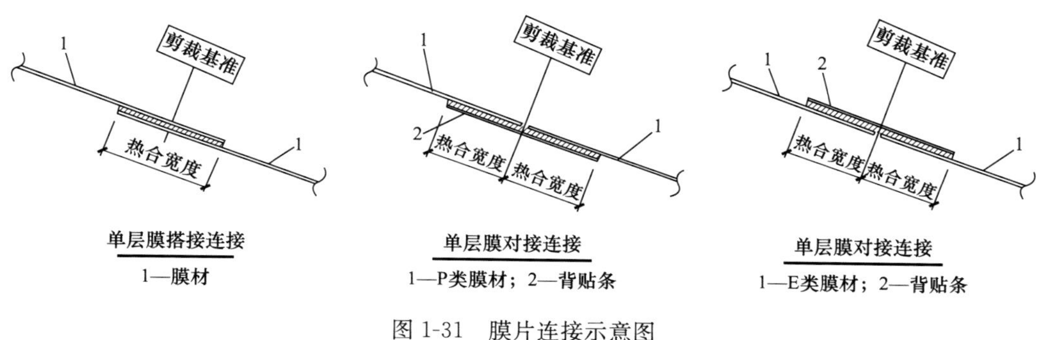

图1-31 膜片连接示意图

1.4.2 膜单元与刚性边界的连接

膜单元与刚性边界的连接方式见图1-32～图1-38。

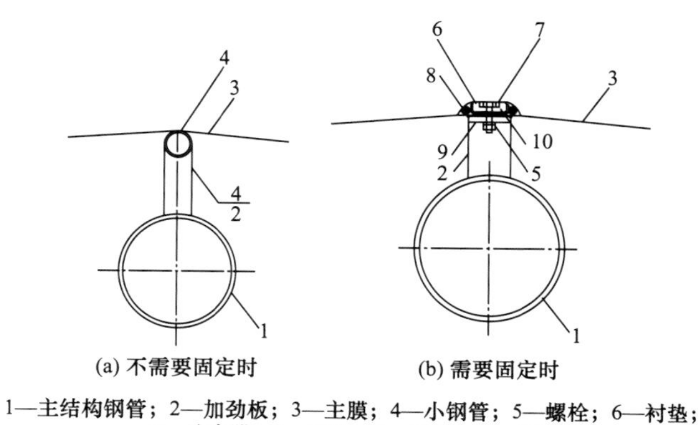

图1-32 膜在刚性膜脊处不设分片的连接

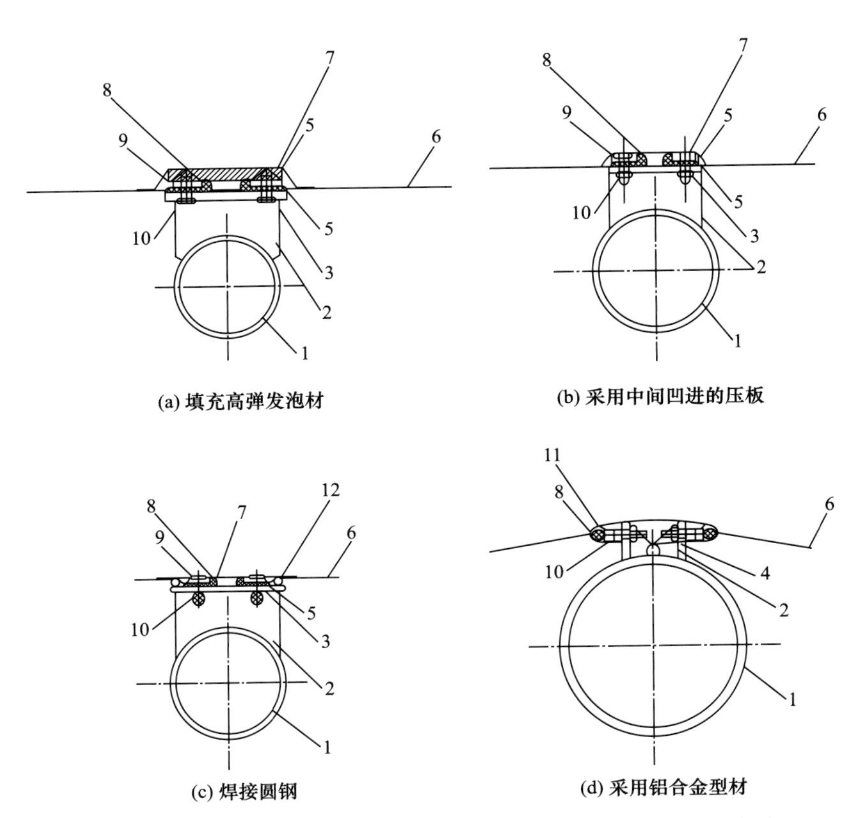

1—主结构钢管；2—加劲板；3—底板；4—立板；5—高弹发泡材衬垫；
6—主膜；7—防水膜；8—绳边；9—压板；10—螺栓(可工厂点焊接)；
11—铝合金型材；12—圆钢

图 1-33　膜在刚性膜脊处设分片的连接

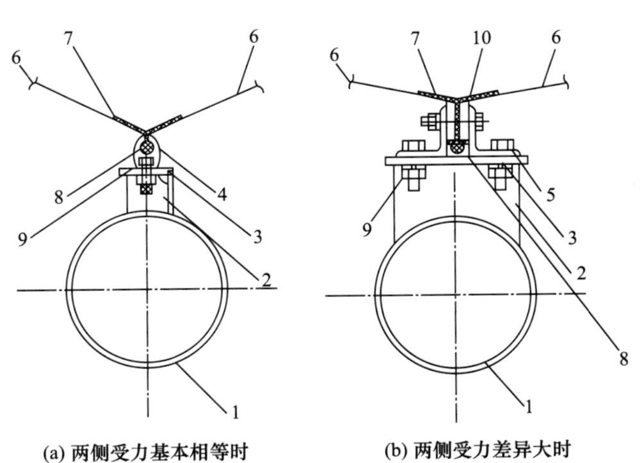

1—主结构钢管；2—加劲板；3—底板；4—铝合金型材；5—角钢；
6—主膜；7—加强膜；8—绳边；9—螺栓；10—压板

图 1-34　膜在刚性膜谷处不设分片的连接

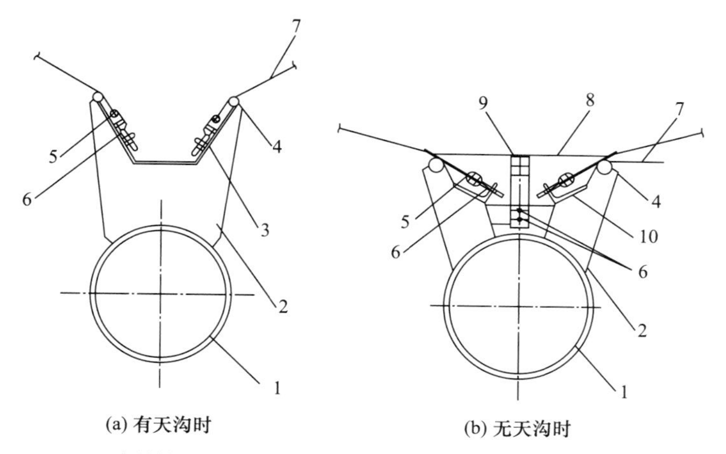

(a) 有天沟时　　(b) 无天沟时

1—主结构钢管；2—加劲板；3—立板；4—小钢管；5—绳边；
6—螺栓；7—主膜；8—防水膜；9—方管；10—角钢

图 1-35　膜在刚性膜谷处设分片的连接

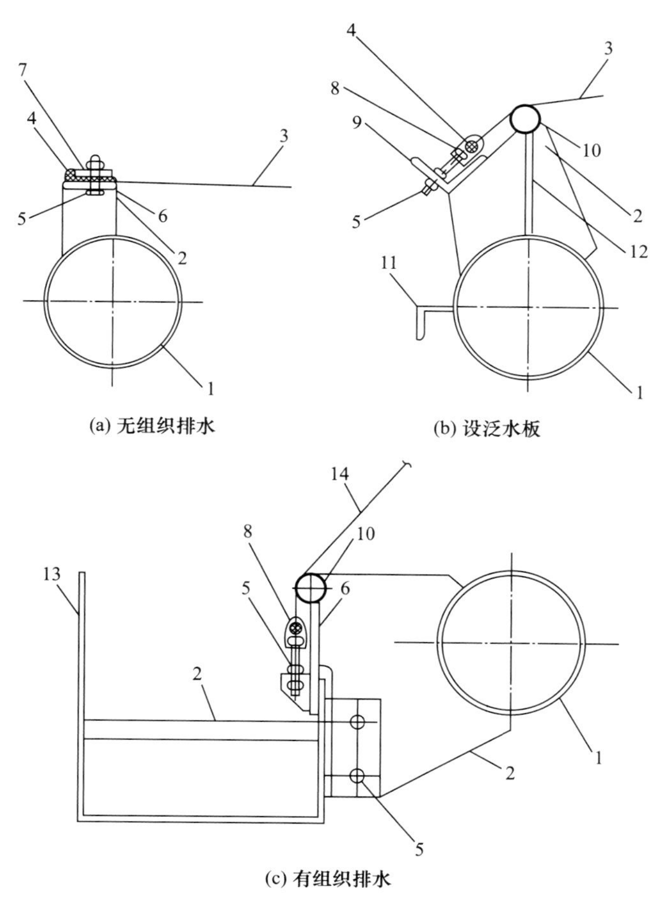

(a) 无组织排水　　(b) 设泛水板

(c) 有组织排水

1—主结构钢管；2—加劲板；3—膜材；4—绳边；5—螺栓；
6—底板；7—压板；8—铝合金型材；9—角钢；10—小钢管；
11—泛水板；12—封板；13—天沟；14—主膜

图 1-36　单边膜与刚性边界的连接

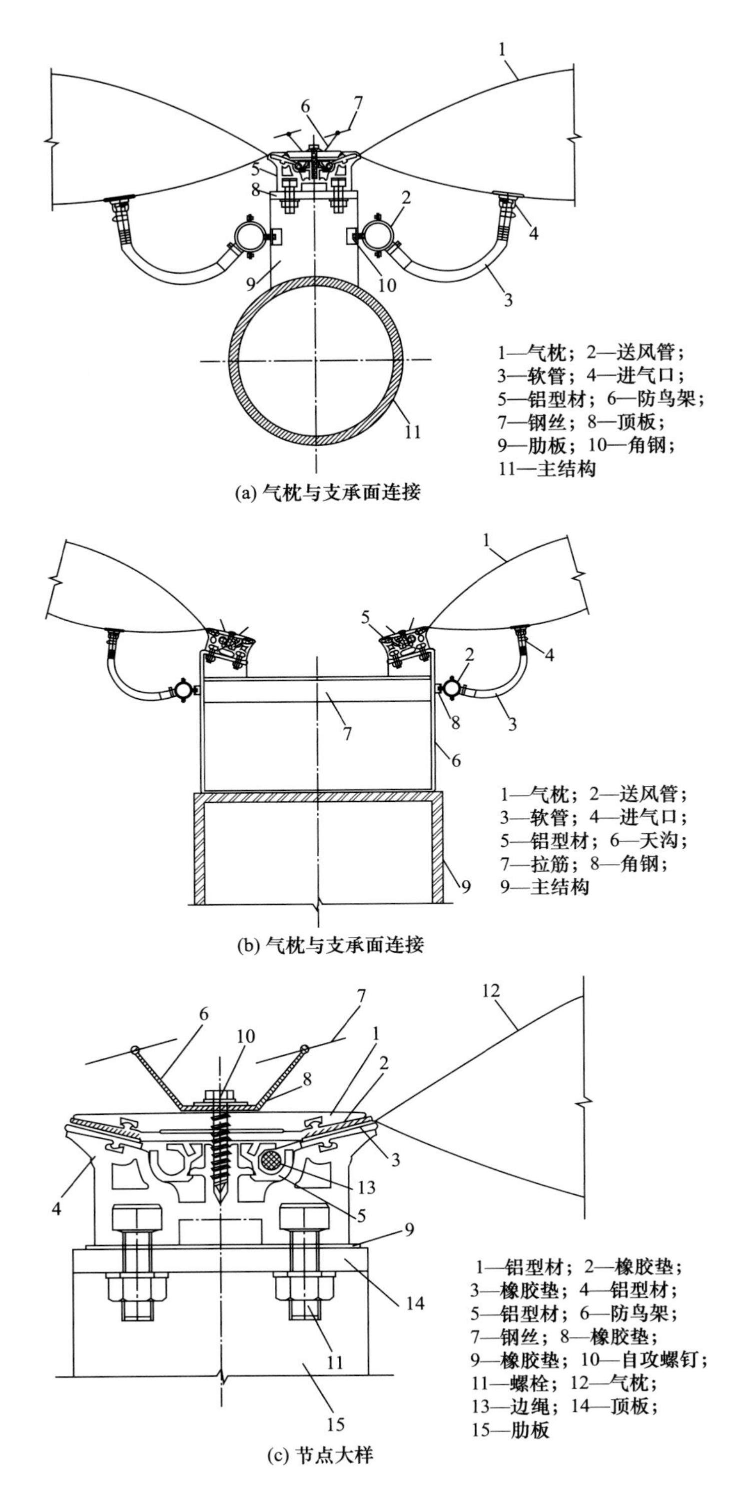

图 1-37　气枕式膜单元在刚性边界的连接

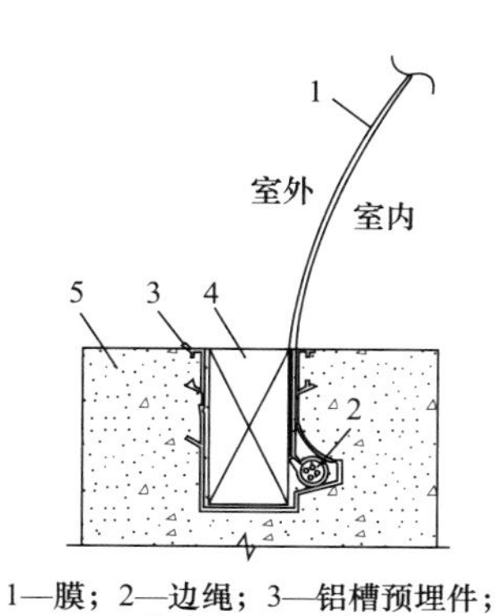

1—膜；2—边绳；3—铝槽预埋件；
4—防腐木；5—混凝土

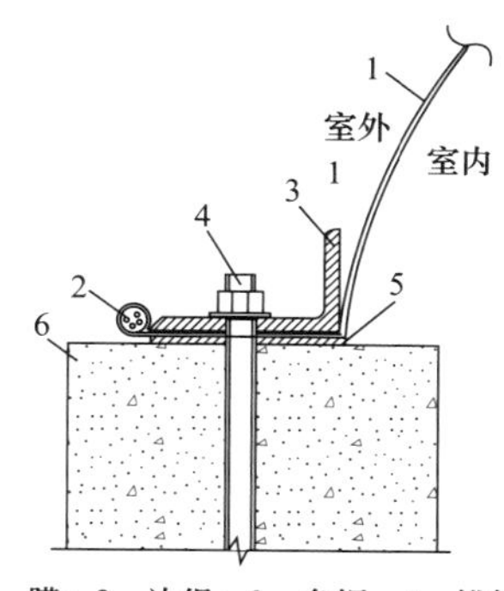

1—膜；2—边绳；3—角钢；4—锚筋；
5—橡胶垫片；6—混凝土

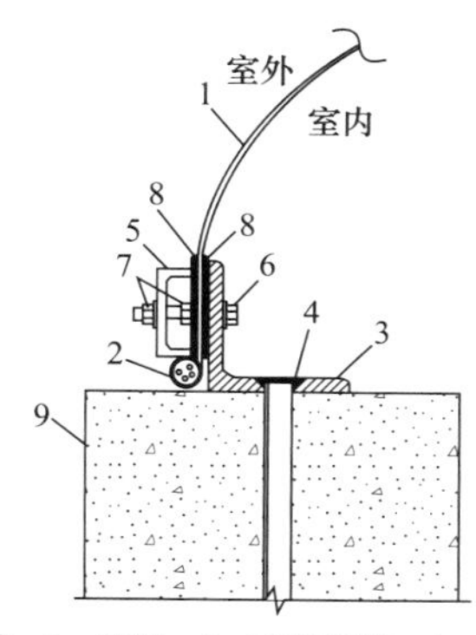

1—膜；2—边绳；3—预埋角钢；4—锚筋；
5—槽形折弯件；6—不锈钢螺杆；
7—不锈钢螺母；8—橡胶垫片；9—混凝土

图 1-38　气承式膜单元在刚性边界的连接

1.4.3　膜单元与柔性边界连接

膜单元与柔性边界的连接方式见图 1-39～图 1-41。

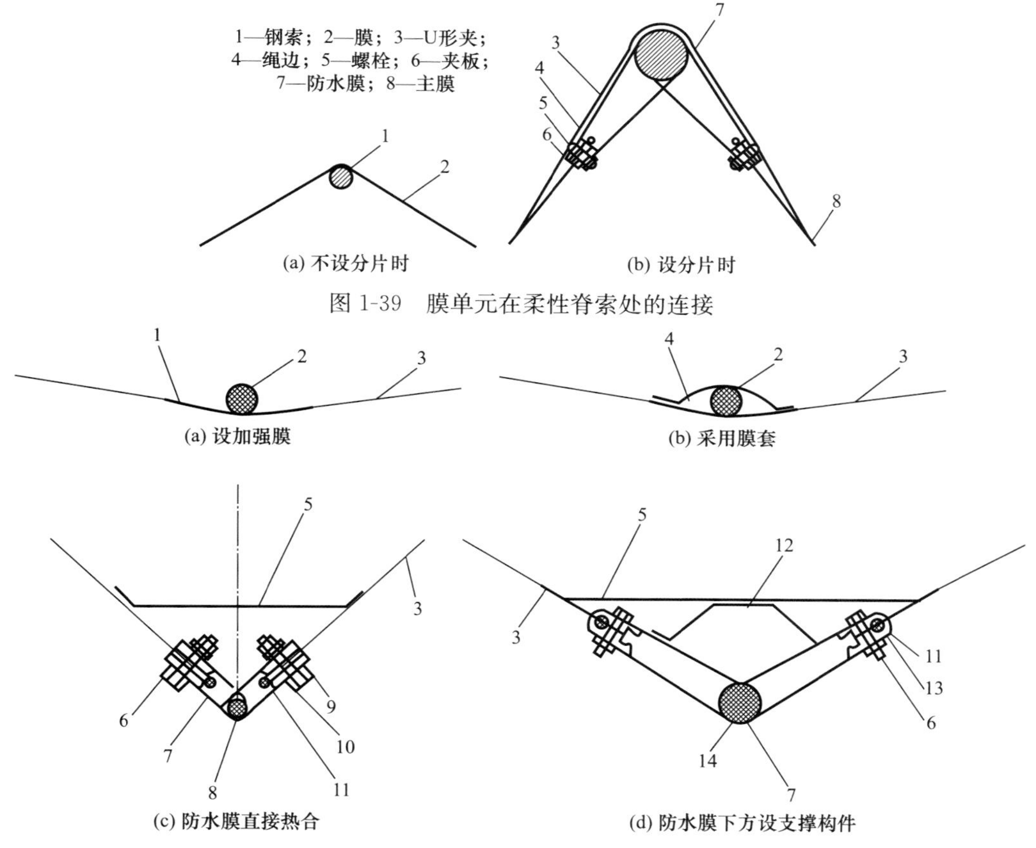

1—加强膜；2—钢索；3—主膜；4—膜套；5—防水膜；6—螺栓；7—U形夹；8—谷索；
9—夹板；10—衬垫；11—绳边；12—支撑构件；13—铝合金型材；14—钢索

图 1-40　膜单元在柔性谷索处的连接

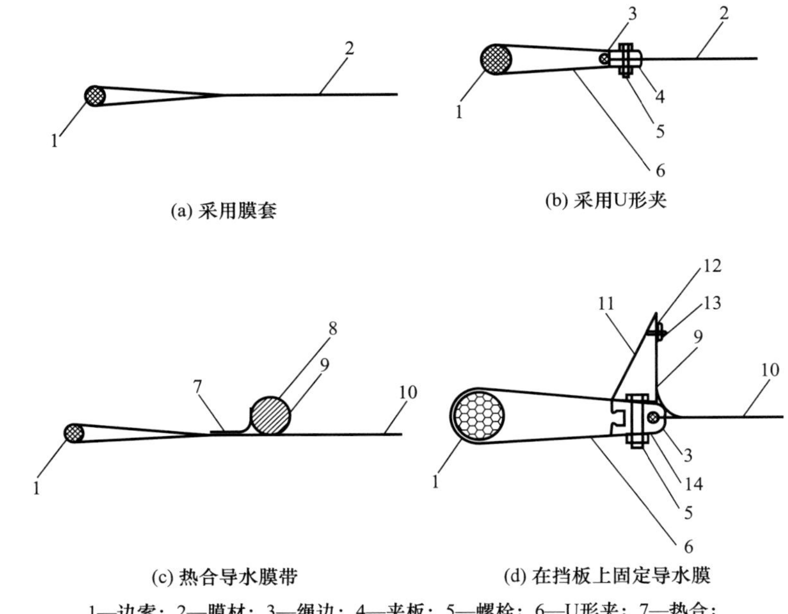

(a) 采用膜套　(b) 采用U形夹

(c) 热合导水膜带　(d) 在挡板上固定导水膜

1—边索；2—膜材；3—绳边；4—夹板；5—螺栓；6—U形夹；7—热合；8—填充材料；9—导水膜；10—主膜；11—铝挡板；12—铝合金压板；13—自攻钉；14—铝合金型材

图 1-41　膜单元在边索处的连接

1.4.4　膜单元与桅杆的连接

膜单元与桅杆的连接方式见图 1-42。

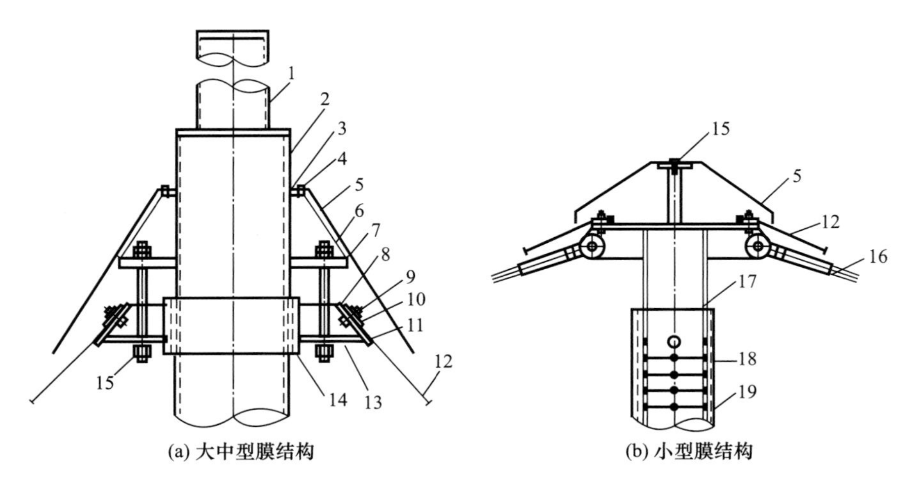

(a) 大中型膜结构　(b) 小型膜结构

1—收头钢管；2—桅杆、柱钢管；3—防水硅胶；4—防水自攻螺钉；5—防水金属罩；6—加劲板；7—钢板；8—加劲板；9—垫片；10—压板；11—节点板；12—膜顶；13—钢板；14—套管；15—螺栓(周围焊接防水)；16—钢索；17—内套钢管；18—分级螺栓孔；19—桅杆钢管

图 1-42　膜单元与柱顶处（桅杆顶部）的连接

1.5 国内膜结构发展历程

1.5.1 国内迅速成长

我国膜结构发展，经历了起步阶段、成长阶段、爆发阶段，图 1-43～图 1-55 为我国膜结构发展过程中的一些典型案例。

图 1-43 1996 年上海八万人体育场
（国内第一个真正意义上的膜结构工程）

(a) 苏州音乐广场

(b) 长沙世界之窗剧院

图 1-44 1996—2000 年中小型 PVC 膜结构工程

以 2008 年北京奥运会和 2010 年上海世博会为契机，中国膜结构与国外膜结构基本实现了同步发展。

(a) 青岛颐中体育场

(b) 威海体育场

(c) 四川中国死海水上乐园

(d) 浙江省体训中心田径馆

图 1-45　2000 年起，国内第一批大型 PVC 膜结构工程

(a) 南宁国际会展中心

(b) 上海国际赛车场

图 1-46　2003 年起，国内 PTFE 膜结构工程开始涌现

(a) 北京朝阳公园网球馆

(b) 网球馆内景

图 1-47　2006 年起，国内充气膜结构开始兴起

(a) 国家体育场(鸟巢)

(b) 国家游泳中心(水立方)

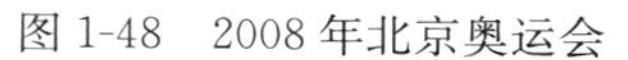

图 1-48　2008 年北京奥运会

(a) 世博轴(张拉膜结构)

(b) 日本馆(ETFE气枕膜结构)

(c) 德中同行之家馆(ETFE张拉膜结构)

(d) 挪威馆(可折叠e-PTFE膜结构)

(e) 太空家园馆(PVC网格膜结构)

图 1-49　2010 年上海世博会

(a) 绍兴轻纺城体育场

(b) 北京龙潭公园中心岛剧场

图 1-50　开合结构

(a) 佛山世纪莲体育场

(b) 深圳宝安体育场

图 1-51　索系膜结构

(a) 鄂尔多斯伊金霍洛旗体育馆

(b) 北京华贸中心广场

图 1-52　索穹顶膜结构

(a) 天津滨海站(气枕式)

(b) 成都凤凰山体育场(张拉式)

图 1-53　ETFE 膜结构

(a) 宁波菲仕展厅

(b) 世博会德国馆

图 1-54 立面膜结构

(a) 储气柜

(b) 反吊膜

(c) 料场封闭(骨架式)

(d) 料场封闭(气承式)

图 1-55 工业领域膜结构

1.5.2 逐步走向世界

随着膜结构技术的发展，目前我国膜结构已经可以达到“走出去”的水平。柬埔寨国家体育馆（图 1-56）与卡塔尔卢赛尔体育场（图 1-57）就是由中国团队进行设计和建造的。

1.5.3 现有膜结构标准

目前国内现有的膜结构标准包括：《膜结构用涂层织物》GB/T 30161—2013、《膜结构技术规程》CECS 158：2015 和《膜结构工程施工质量验收规程》T/CECS 664—2020，见图 1-58。

图 1-56　柬埔寨国家体育场

图 1-57　卡塔尔卢赛尔体育场

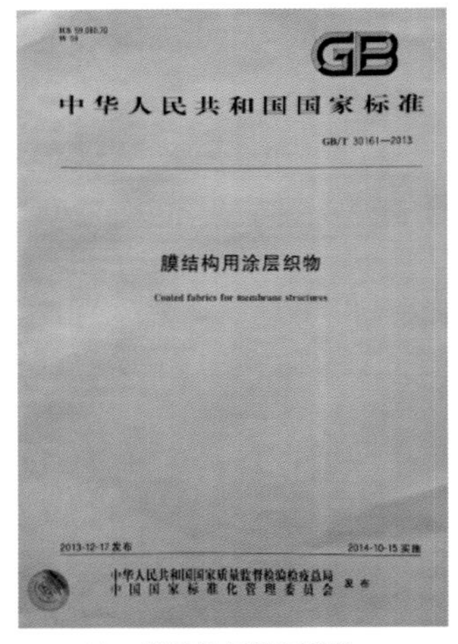

(a)《膜结构用涂层织物》GB/T 30161—2013

(b)《膜结构技术规程》CECS 158:2015

(c)《膜结构工程施工质量验收规程》T/CECS 664—2020

图 1-58　国内现有的膜结构规程

目前正在编制：《充气膜结构技术规程》《膜结构检测与监测技术规程》《膜结构工程消耗量标准》《膜结构加工制作标准》《充气膜体育设施技术规范》《建筑膜结构国标图集》，这些标准很快会与大家见面。

1.5.4　膜结构的创新

通过上面介绍，相信读者已经对膜结构有了一定的了解。膜结构的各种形式在中国的发展（顺时针方向）历程见图 1-59。

在未来，膜结构的发展还需要不断地创新。包括但不限于以下几个方面：建筑形式创新、结构体系创新、材料创新、应用领域创新。相信膜结构一定会迎来更加广泛的应用。

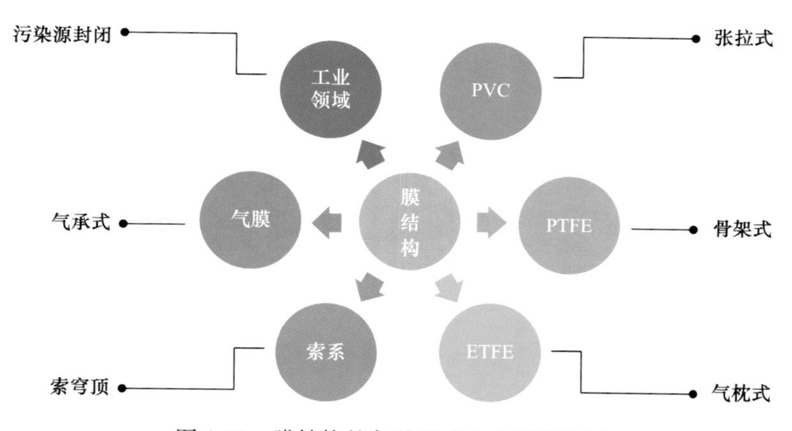

图 1-59 膜结构的各种形式在中国的发展

第 2 章　膜结构制作及质量控制

2.1　膜结构相关概念

2.1.1　PTFE 膜材丝径

PTFE 膜材称 G 类膜材，由玻璃纤维基布和双面聚四氟乙烯构成（图 2-1）。玻璃纤维基布通常认为是由 3μm 丝径玻璃纤维丝或 6μm 丝径玻璃纤维丝编织而成。3μm 丝径 PTFE 膜材较柔软，抗折弯能力好，在制作、包装运输与安装过程中对强度的损伤风险较小，一般用于大型和形状较复杂的膜结构中；6μm 丝径 PTFE 膜材一般用于中小型和形状平缓的膜结构中。

膜材潜在风险导致的强度损失，将造成膜结构后期使用阶段的安全隐患。因此需要根据不同特点的膜结构合理选择膜材料，并在制作时需要对膜材做好保护，严格遵守加工工艺要求。

2.1.2　PVC 膜材常用自洁涂层

PVC 膜材称 P 类材料，一般由五层组成（图 2-2），中间一层是布基，布基的两侧是涂层。涂层常用聚氯乙烯，其化学性能不稳定，在紫外线照射下容易离析、发黏、沾灰，且耐久性很差。因此建筑用 PVC 膜材一般在涂层外增加面层。

常用的面层有聚偏氟乙烯（PVF）、聚偏二氟乙烯（PVDF）或丙烯酸酯（Acrylate），这些面层的自洁性 PVF 最优。自洁性越好，价格越高，设计时应根据不同工程性质和使用要求，选好相应的膜材。

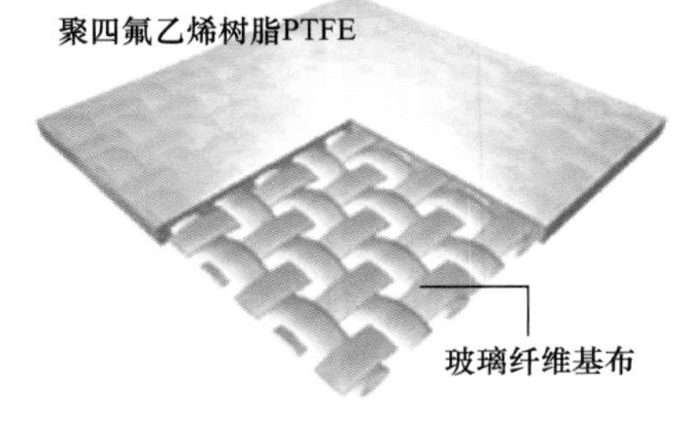

图 2-1　PTFE 膜材结构示意图

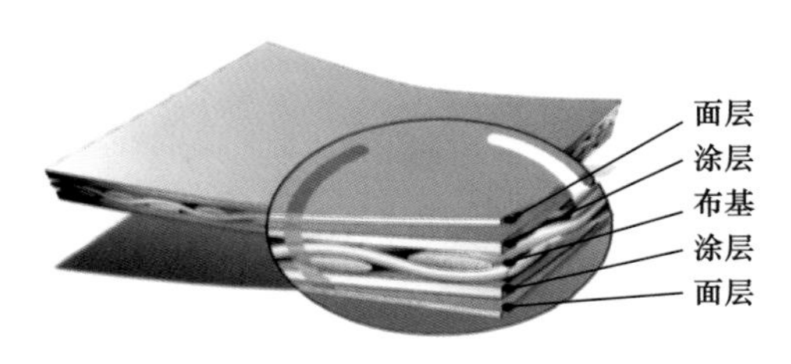

图 2-2　PVC 膜材结构示意图

2.1.3　膜裁剪补偿值（缩量）

膜裁剪是在无应力状态下进行的，裁剪模型是预应力状态下的形状。膜材料是弹塑性材料，因此要得到预应力状态下的设计形态，必须在膜裁剪时进行一定的补偿（缩量）。补偿量要根据不同材料的双轴拉伸试验结果、弹性模量以及塑性变形等因素综合考虑确定。

2.1.4 钢索的制作长度

钢索的制作长度是指在其预应力状态下的长度，因此在钢索制作时应在设计预应力下进行标定，然后放松进行制作，或者根据钢索的弹性模量进行缩量。

施工图纸上钢索的长度一般是预应力状态下的长度。

2.1.5 钢结构安装时位置与预应力施加完成后位置的关系

由于预应力施加后支承结构的形状会发生变化，因此在钢结构安装初期应考虑预应力的影响，才能达到预应力完成后的设计形状。

钢结构设计出图模型应为预应力找形之前的模型，以保证预应力施加完成后钢结构达到预应力找形后的形状。

图 2-3 中的 1、2、3、4 点就能说明钢结构安装时位置与预应力施加完成后位置的关系。1、2 点考虑了预应力影响，钢结构安装时在自重作用下向 X、Y、Z 轴方向给出了不同程度的负偏差，在施加预应力后基本回到了零位移状态（预应力状态）。3、4 点没考虑预应力影响，钢结构安装时立柱处于竖直状态，在施加完预应力后 3、4 点出现不同程度水平方向的位移。因此，在施加预应力前钢结构安装时，应施加与偏移量相反的初偏移，就能保证在施加预应力之后基本达到设计所需的预应力状态。

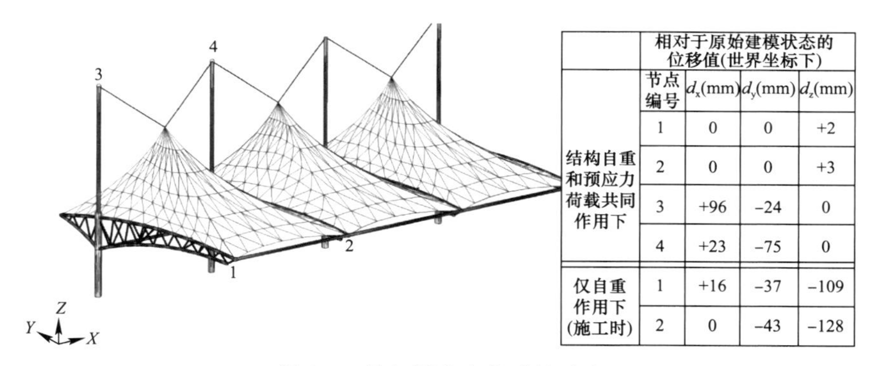

	相对于原始建模状态的位移值(世界坐标下)			
	节点编号	d_x(mm)	d_y(mm)	d_z(mm)
结构自重和预应力荷载共同作用下	1	0	0	+2
	2	0	0	+3
	3	+96	-24	0
	4	+23	-75	0
仅自重作用下(施工时)	1	+16	-37	-109
	2	0	-43	-128

图 2-3 施加预应力前后的对比

2.2 膜结构制作前的准备

2.2.1 图纸交底

由设计人员、项目经理、制作负责人等参加，对结构体系图纸、连接构造、细部节点、裁剪图纸等进行技术交底，并做好记录。

2.2.2　生产准备

1. 制作方案

加工前，制作部门负责人需组织有关人员对设计图纸进行全面研究，制定出具体的加工方案、工艺流程、工艺要求、质保措施。并根据任务，安排好人员、工具设备，保证生产进度。

2. 材料核验

对图纸中所需材料逐一进行检查核验，包括材料的型号、数量、材质报告等。

3. 量具校核

加工前，需由检验员对各工序使用的量具（标尺、钢板尺、卷尺、游标卡尺等）进行检验校核，确保其处于良好的使用状态。同时对检验结果予以记录。

4. 设备认可

加工前，需由操作工对使用的设备进行检查、保养及试运转，确保其处于良好状态。对于关键设备，应由企业设备工程师确认其状态和加工能力，以保证产品质量。复核检验实验设备，确保其处于标定的有效期内。设备的确认结果做设备状态记录。

5. 场地准备

根据当次总加工量和加工单元的面积大小，腾空出足够面积的加工场地，清扫冲刷干净，晾干，不得有浮尘，并在加工过程中始终保持工作面和膜的清洁。

6. 热合试验

加工前，热合车间需采用工程使用的膜材料，模拟工艺要求的各种热合层数和热合形式调整热合参数以达到最佳的热合结果（热合后的试片应进行拉力测试和饱满度检查），并准确填写热合数据试验报告。热合数据至少包含设定温度、压力、热合时间及室内温湿度等。

2.3　膜制作过程质量控制

2.3.1　膜材料检验

1. 数量核验

用标定的钢尺测量膜材的长度和幅宽，总长度乘以标定幅宽即为膜的面积，测量幅宽应大于或等于标定幅宽。

2. 外观检查

每卷膜材料应通过灯箱（图 2-4a）进行观察，膜材料表面应光滑平整，如有严重缺陷（如通透孔眼、局部无涂层布基完全裸露、明显且无法消除的污渍等）（图 2-4b），应进行标记并在裁剪时予以剪除。

(a) 灯箱

(b) 外观缺陷

图 2-4 外观检查示意图

3. 抗拉强度

对于重要或有特定要求的工程项目，膜材料的抗拉强度应送有国家颁发资质的检验机构进行检验；其他项目可用拉力试验设备自行检验。强度试验可采用单轴拉伸仪或双轴拉伸仪进行测试（图 2-5）。

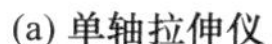

(a) 单轴拉伸仪

(b) 双轴拉伸仪

图 2-5 拉伸仪示意图

4. 透光率与色差

用专门设备（图 2-6）对每卷膜材进行透光率及色差分析，对于同批次材料透光率与色差较大的膜材，不能混用。

5. 其他检验

对于有特殊要求的膜材还应进行厚度、克重、撕裂强度、防火、隔热、吸声等方面的测试。

2.3.2 膜片裁剪

1. 手工裁剪膜片

排料：将裁剪施工图绘制的裁剪片，根据膜材料卷的幅宽、长度合理排放，以达到最高的使用率。

放样画线：按照排料后裁剪图的坐标，用地标尺和丁字钢尺在膜材上进行放样画线，画好线的膜片需经自检、互检，并进行膜片编号和记录。

膜片裁剪：对放样划线及膜片编号进行复查，确认无误后方可进行裁剪工作。

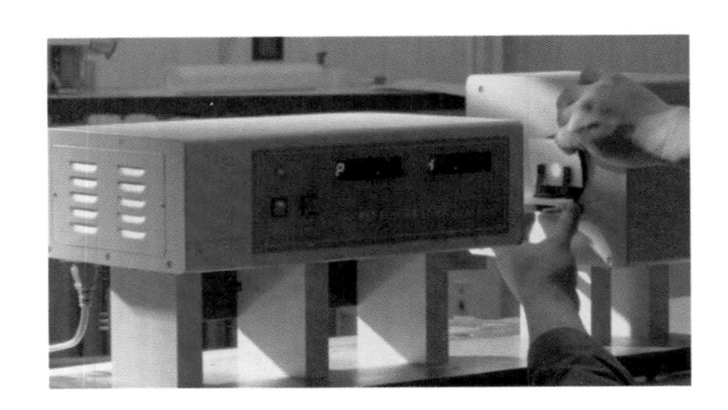

(a) 分析透光率的仪器

(b) 色差较大

(c) 色差分布均匀

图 2-6　透光率与色差

2. 自动裁剪膜片

自动裁剪：即依托自动裁剪机（图 2-7）完成膜片的裁剪。

排料：用排料专用软件，根据膜材料卷的幅宽、长度，采用自动、手动相结合的方式合理排料，手动主要解决微调，以达到最高的使用率。

裁剪设定：用驱动软件，读取样片大小、形状等信息，同时对设备进行裁剪设定：选择刀片，设定裁剪压力、裁剪的起始位置、裁剪速度等，以达到最佳的裁剪效果。通过软件自动保存设置的数据，以备同样的膜材料再次裁剪时使用。

膜材料台面展开：把膜材料拉到台面展开，尽量铺平，不要有太多褶皱，经真空吸附后自然展平于台面上。台面上分布均匀的小孔，用于气泵抽真空时吸附台面上的拟裁剪膜材料。应定期用毛刷清洁台面和小孔，以免小孔堵塞，影响膜材料的平整展开和裁剪效果。

图 2-7　裁剪机

裁剪：开机裁剪过程中，应始终有随机人员跟踪机头观察设备工作是否正常（图 2-7）。设备正在裁剪时，严禁在台面上拾取已裁剪好的膜片，待设备裁剪工作停止后再操作。

2.3.3　热合面打磨

对带有不可焊面层的PVC材料，热合前应进行热合面的打磨，通过反复试验调整打磨砂轮的间隙得到最佳高度，在确保自洁涂层打磨干净的情况下尽量保证涂层的厚度，不允许打磨到基布。并对打磨热合面宽度进行控制。结果形成记录文件。热合面的打磨一般采用专用的打磨机进行机械打磨（图2-8）。

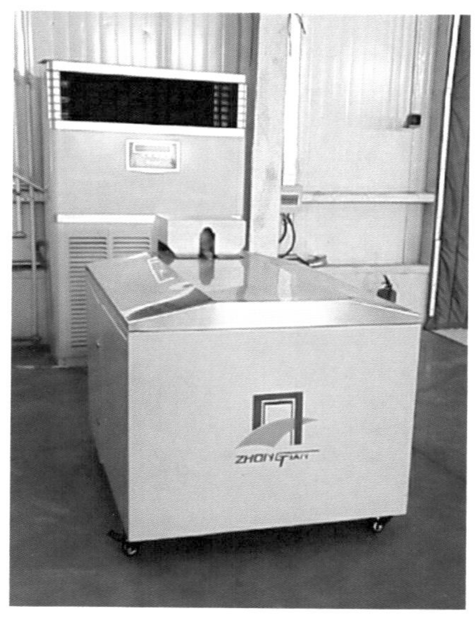

图2-8　热合面打磨设备

2.3.4　膜片热合、补强、挖洞、圈边处理

根据图纸设计膜片的热合方式及层数，按照试验确定的相应热合参数，在热合机（图2-9）上进行膜片的热合，然后再进行补强挖洞、圈边等细节部位加工处理。

对由膜片加工成的膜单元进行自检与复核，结果形成记录文件。膜单元制作过程中必须用专用工具整拉、轻移，禁止野蛮操作，不得任意踩踏，不得在地面上拉拖，防止膜片与地面摩擦受损。

(a) PVC热合设备

(b) PTFE热合设备

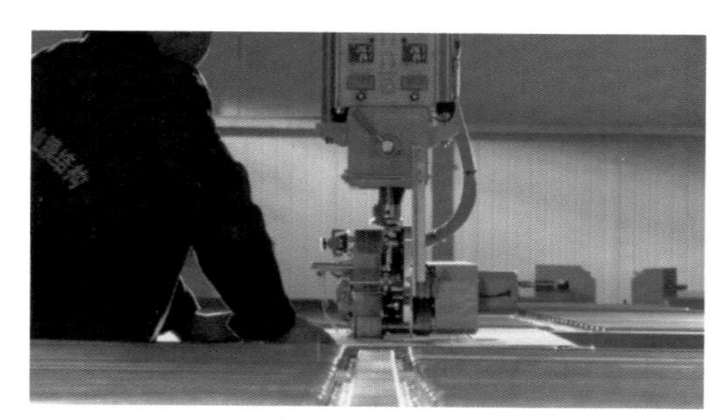

(c) ETFE 热合设备

图2-9　热合设备

2.3.5　成品检验

由工程质检部门、设计、制作等人员共同对所有加工好的膜单元按照图纸尺寸及公司或行业标准进行检验，并将检验结果形成记录文件。

2.3.6　清洁

检验合格的膜单元，由制作部进行最后清理，清洁剂需用中性，严禁使用含研磨成分的去污粉类物品。膜片正反面需逐次清理，不得留有粘胶痕迹、画线痕迹、污渍、尘土等。

2.3.7　包装与运输

膜单元应按照现场施工展开顺序合理折叠，用白色包装膜裹严密实、捆扎牢固，在包装好的膜单元上进行标识，标识内容包括但不限于工程项目名称、单元编号及膜展开方向等。PTFE 及 ETFE 膜材不可折叠及挤压，包装及运输应采用特殊办法处理（图 2-10）。

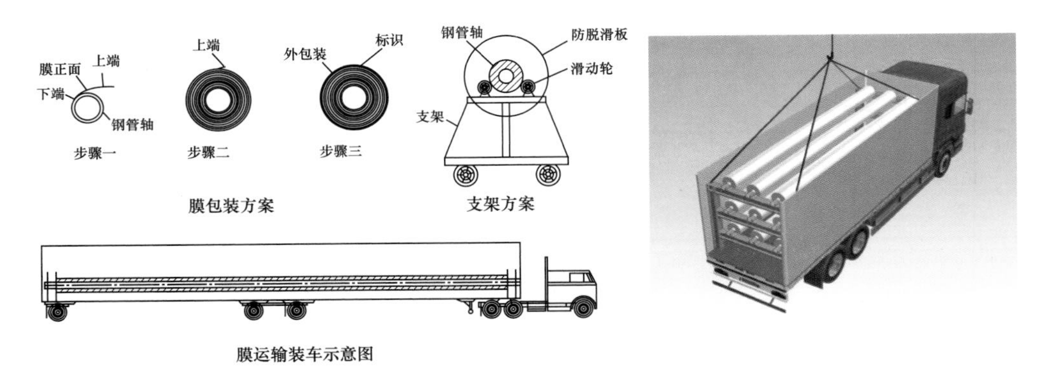

(a) 膜单元运输示意图

(b) 膜单元实际运输图

图 2-10　膜单元包装与运输

2.4 膜支撑钢结构制作常识

2.4.1 钢材单向均匀受拉时的工作性能

OP 段为直线，钢材处于完全弹性性质，f_p 称为比例极限，这阶段叫弹性模量。

PE 段仍具有弹性，但非线性，f_e 称为弹性极限，这阶段叫切线模量。

ES 段出现非弹性性质，变形包括弹性变形和塑性变形两部分，f_y 称为屈服强度。

SC 段是塑性流动段，屈服台阶，超过屈服台阶末端 *C* 点后，材料出现硬化，曲线上升直到最高点 *B* 处，这点对应应力 f_u 称为抗拉强度或极限强度。当应力到达 *B* 点后，试件发生颈缩现象，至 *D* 点断裂。f_y 作为强度设计值，f_u 成为材料的强度储备（图 2-11）。

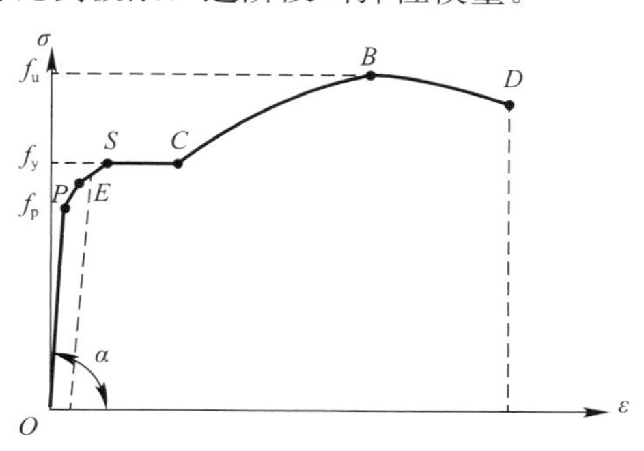

图 2-11　碳素结构钢的应力-应变曲线

2.4.2 钢结构材质要求

1. 较高的强度

钢材的屈服强度 f_y 是结构承载能力的指标，较高的 f_y 可以节约钢材；抗拉强度 f_u 是衡量钢结构经过较大变形后的抗拉能力，f_u 是一种安全储备，屈强比一般不大于 0.85。

2. 较高的塑性和韧性

钢材具有良好的塑性和冲击韧性，结构在静载和动荷载作用下有足够的变形能力，可以用伸长率 δ 来表示。伸长率较高的钢材可通过塑性变形调整局部应力峰值，进行内力重分布，减少结构的脆性破坏，伸长率一般不小于 20%。冲击韧性是钢材在冲击荷载下断裂时吸收能量的一种能力。屈服强度、抗拉强度和伸长率是钢材最重要的三项力学指标。

3. 良好的加工性能

钢材具有冷加工、热加工的性能和可焊性，良好的加工性能保证钢材易加工成各种形式的结构和构件。

2.4.3 建筑常用钢材的种类

建筑工程中常用的钢材是碳素结构钢、低合金高强度结构钢和优质碳素结构钢。

1. 碳素结构钢

型号有 Q195、Q215、Q235、Q255、Q275。

分 A、B、C、D 四个等级，A 级仅保证抗拉强度、屈服点、伸长率，必要时附冷弯，化学成分不作为供货条件；B、C、D 级均保证抗拉强度、屈服点、伸长率、冷弯和冲击韧性，化学成分对碳、硫、磷有含量要求。

2. 低合金高强度结构钢

型号有 Q295、Q345、Q390、Q420、Q460。

分 A、B、C、D、E 五个等级，E 级要求－40℃的冲击韧性。

3. 优质碳素结构钢

优质碳素结构钢主要用于机械制造，在工程中一般用于生产预应力混凝土用钢丝、钢绞线、锚具，以及高强度螺栓、重要结构的钢铸件等。淬火后硬度可显著增加，但对塑性和韧性有明显影响，如 45 号钢，用来制造轴、丝杠、齿轮、连杆、套筒、键、重要螺栓和螺母等。

4. 其他建筑用钢

耐候钢（在冶炼过程中加入少量特定元素如 Cu、P、Cr、Ni，使金属表面形成保护膜，以提高钢材的大气腐蚀能力）、铸钢等。

2.4.4　钢材中的化学成分

钢是由各种化学成分组成，化学成分及其含量对钢的性能有着重要的影响。在碳素结构钢中铁（Fe）占约 99%，碳和其他元素仅占 1%，但对钢材的力学性质却有着决定性的影响，其他元素包括硅（Si）、锰（Mn）、硫（S）、磷（P）、氮（N）、氧（O）等；低合金钢中还含有少量（低于 5%）合金元素，如铜（Cu）、钒（V）、钛（Ti）、铌（Nb）、铬（Cr）、锰（Mn）等。

碳（C）素直接影响着钢材的强度、塑性、韧性和可焊性，碳含量增加，钢的强度提高，而塑性、韧性和疲劳强度下降，可焊性和耐腐蚀性降低。因此，在焊接结构钢材中含碳量应控制在 0.12%～0.20%之间。硫和磷都是钢材中的杂质，一般不应超过 0.045%。

2.4.5　钢结构的防腐

钢结构防腐的分类：金属镀层法和涂层法。

1. 金属镀层法

热浸锌工序：构件酸洗除锈、构件清洗、600℃锌液浸泡，锌膜厚度 70μm 左右，防锈 20 年左右。成本高、效率高、美观、无需保养维护。

热喷铝（锌）工序：构件喷砂（抛丸）除锈、热喷铝（锌）涂层、面层封闭（环氧树脂或氯丁橡胶）毛细孔，漆膜厚度 120～150μm，防锈 20 年左右。成本高、效率低、美观、无需保养维护、现场施工便利。

2. 涂层法工序

构件喷砂（抛丸）除锈、底漆、中间漆、面漆，漆膜总厚度按设计要求，但一般不低于 150μm，防锈 5～10 年左右。成本低，应用较广。质量要求：喷砂后露出金属光泽，4h 内喷漆，喷漆温度 5～38℃，相对湿度不大于 85%，喷漆时不得有扬尘，喷漆后 4h 不得淋雨。

2.4.6　钢结构的连接方法

钢结构连接有焊缝连接、螺栓（铆钉）连接两种方式（图 2-12）。

1. 焊缝连接

不削弱截面、加工简单、密封好、效率高。焊缝热影响区钢材力学性能发生变化、残余应力存在、焊缝对裂纹敏感，是最常用的连接方法。

当不同强度的钢材进行焊接连接时，焊材的选用应与主体钢结构强度较低的一种钢材相适应。

钢结构焊接方法有手工焊接、自动或半自动焊接、二氧化碳气体保护焊接等多种形式。

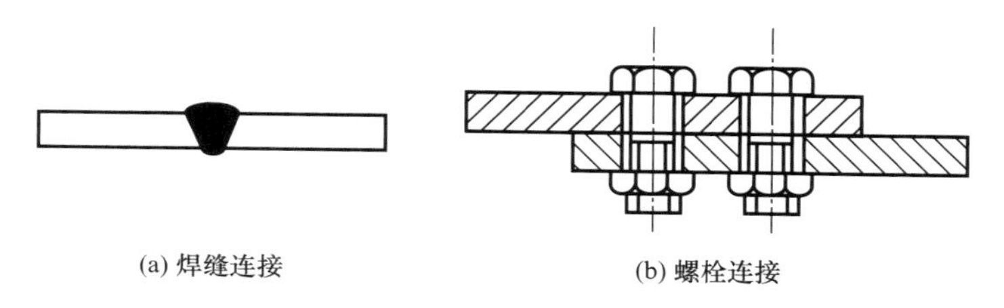

(a) 焊缝连接　　(b) 螺栓连接

图 2-12　钢结构两种连接方式示意图

焊缝连接可分为对接焊缝和角焊缝两种形式。

焊缝按施焊位置可分为俯焊、仰焊、立焊和横焊。

焊缝质量检查标准分为一、二、三级。三级焊缝（一般焊缝）要求对全部焊缝通过外观检查尺寸、裂纹、咬边、气泡、根部未焊透等缺陷；二级焊缝（要求与母材等强）通过外观检查，抽查 20%无损检测（超声波）；一级焊缝（承受动力荷载焊缝）100%无损检测。

钢结构焊接常用焊缝符号见表 2-1。

常用焊缝符号　　**表 2-1**

	角焊缝				对接焊缝	塞焊缝	三面围焊
	单面焊缝	双面焊缝	安装焊缝	相同焊缝			
形式							
标注方法							

2. 螺栓（铆钉）连接

螺栓连接有普通螺栓连接和高强度螺栓连接。现场安装方便快捷，但开孔对截面有削弱、对制孔精度要求较高，拼装和安装时需对孔，工作量增加，但仍是钢结构连接的重要方法。

铆钉连接开孔对截面有削弱，施工效率低，但铆钉传力可靠，韧性和塑性好，质量易于检查，一般用于动力荷载、荷载较大或跨度较大的结构，现在较少采用。

2.5　钢索及附件质量要求常识

2.5.1　钢索

钢索一般由索头、索体和保护层组成；索头由优质碳素钢机加工而成，索头与索体通过压制或浇铸（热铸或冷铸）连接；索体通常外面包裹 1～3mm 厚的白色 PE 保护层，索体与索头之间要做防水密封处理。

索体材料一般选用钢芯钢丝绳（图 2-13）、钢绞线（图 2-14）或钢丝束，也可根据具体情况采用钢拉杆。钢芯钢丝绳使用期一般 10 年左右；钢绞线使用期一般更长久，达 30 年左右。麻芯钢丝绳不允许采用。

钢索可能的破坏形式包括索头锈蚀、索体断裂（图 2-15）。

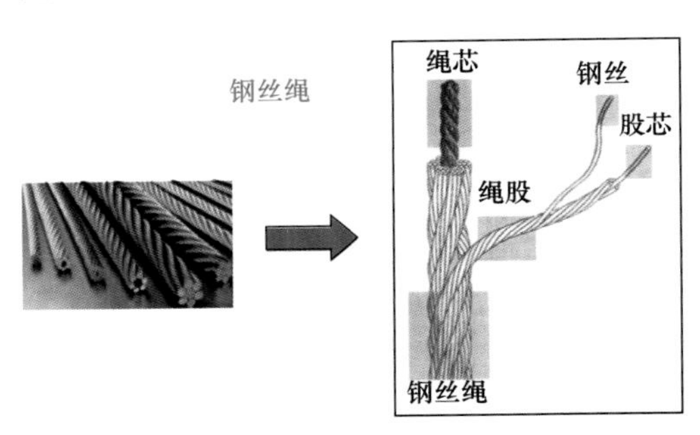

图 2-13　钢丝绳示意图

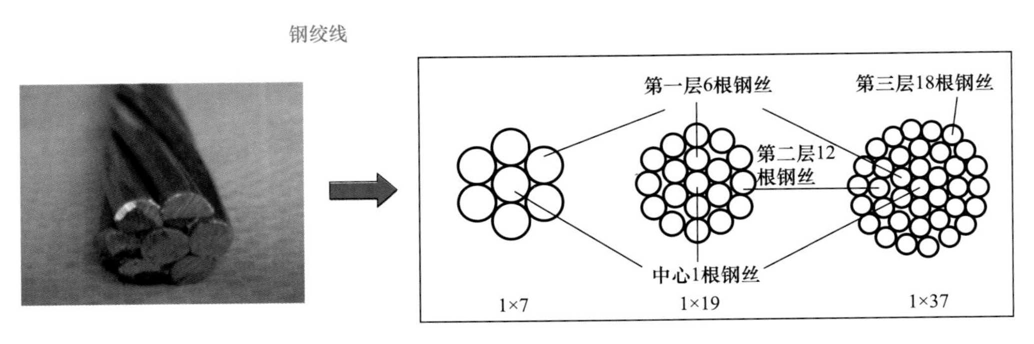

图 2-14　钢绞线示意图

(a) 索头锈蚀

(b) 索体断裂

图 2-15　索头锈蚀、索体断裂示意图

2.5.2　附件质量要求

铝合金夹具：材质硬度满足硬度要求达到韦伯氏 12 度以上，表面要氧化处理，切口、端部应打磨光滑，不得有毛刺等。

节点板：切割边缘要整齐，不得有锯齿、毛刺等，边缘应倒角，最好用镀锌处理，或喷砂后仔细油漆处理（图 2-16c、d）。

螺栓及张拉螺杆：应热镀锌或电镀锌处理或采用不锈钢。

附件加工制作质量直接影响整体质量效果，图 2-16 给出了不同加工质量附件的外观对比。

(a) 附件精细

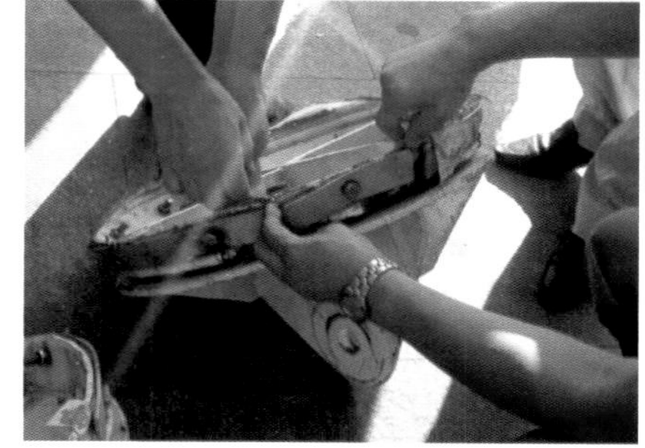

(b) 附件不精细

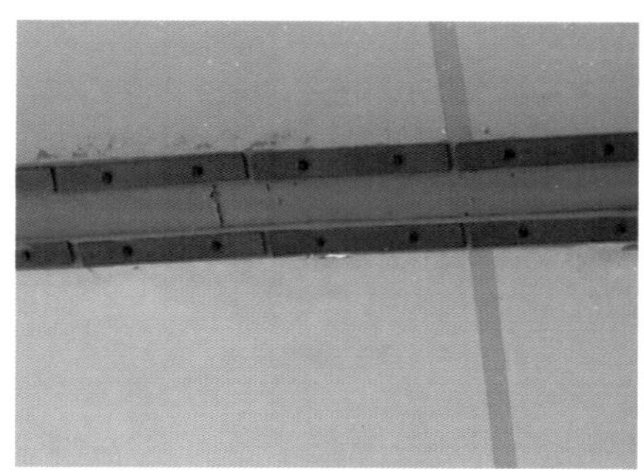

(c) 节点板(一)

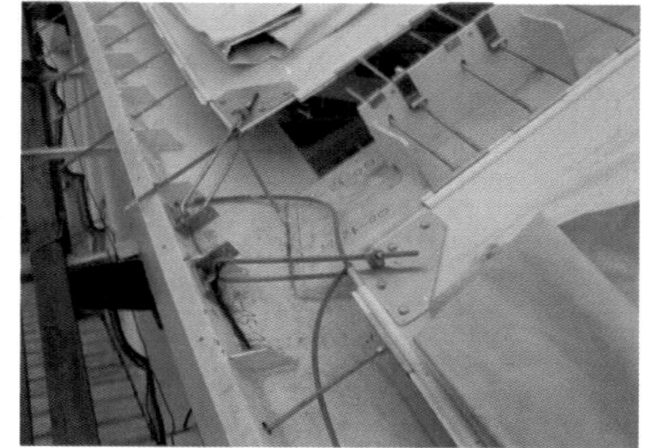

(d) 节点板(二)

图 2-16　附件

第3章 张拉膜结构安装

3.1 概述

完整的膜结构工程建设一般包括设计、制作、安装、售后四个环节，各环节息息相关，共同决定着膜结构工程的质量。本章重点介绍张拉膜结构的施工安装，包括整体张拉式膜结构、骨架支承式膜结构，并涉及部分索系支承式膜结构相关知识。

本章内容涵盖了张拉膜结构现场施工的全部内容。

3.1.1 组建项目经理部

膜结构工程施工应组建项目经理部，并应设项目经理、技术负责人、施工员、质检员、安全员、材料员、预算员、资料员等岗位，可以兼任。其中，项目经理以及技术负责人为部门核心，在规模较小的项目中，二者可由同一人担任。项目经理对工程安装的技术措施、安全操作、进度、质量等全面负责。

3.1.2 编制《施工组织设计》

项目施工前应编制详尽的《施工组织设计》，核心部分为安装方案，要力求做到技术先进、经济合理、安全适用、质量控制有效。安装方案应细化具体安装步骤，责任落实到人。

3.1.3 制定现场管理规则

项目经理部应建立以下规定，据此开展相关工作。规则内容一般包括：

（1）工程材料、施工工具设备清点的规定；

（2）现场物料存放、保管、安全防护和发放领用的规定；

（3）安装过程质量控制的规定；

（4）安全操作的规定；

（5）项目经理部工作条例；

（6）施工人员守则。

3.1.4 关键事项

（1）参与施工安装的各工种技术工人必须经过专业培训，并取得有关行业管理部门颁发的特殊工种证书方可上岗。要求作业人员持证上岗，一方面可以保证工人的专业技能，另一方面有助于项目经理部进行人员分配。

（2）项目经理部必须对全体施工人员进行安全培训。其中，安全培训必须留存记录，将其落在实处，认识安全培训的重要性。良好的安全意识是工程完美完工的保障。

3.2 施工组织设计

3.2.1 技术交底

项目施工前，设计部门应向项目经理部进行安装技术交底，并形成书面安装技术交底记录。技术交底时，需将膜结构施工图（包括钢结构、钢索、设备系统安装图、膜单元总装图、分装图及检验尺寸图）提交给项目经理部，参与交接工作的包含设计方的设计人员，项目经理部的项目经理、技术负责人、施工员等。

3.2.2 编制《施工组织设计》

项目经理部组织编制《施工组织设计》，应详尽载明以下内容：

（1）编制目的及依据；

（2）工程概况，工程特点介绍；

（3）项目经理部组织构架及岗位职责；

（4）施工总平面布置（图 3-1）：材料库房、临时加工场地、材料存放场地、材料和大型机具设备的进出场通道、吊车行进路线、膜单元地面展开的工作场地等；

（5）安装过程中工程材料二次搬运的组织设计；

（6）施工安装方案，安装工序的具体步骤和方法；

（7）大型吊装设备的布置、行走路线以及吊装能力的验算；

（8）施工进度计划及保证措施（图 3-2）：制定好之后需要提交给业主以及监理，并通过计划表来对整体施工安装过程进行把控；近两年由于疫情原因，在编制施工组织设计时需要考虑疫情因素并进行防疫预案的准备；

（9）施工人员的计划安排；

（10）材料使用计划；

（11）大型机具和工具设备的统计以及调配计划；

（12）施工过程质量控制措施及程序；

（13）对成品或半成品的保护和安全防护措施；

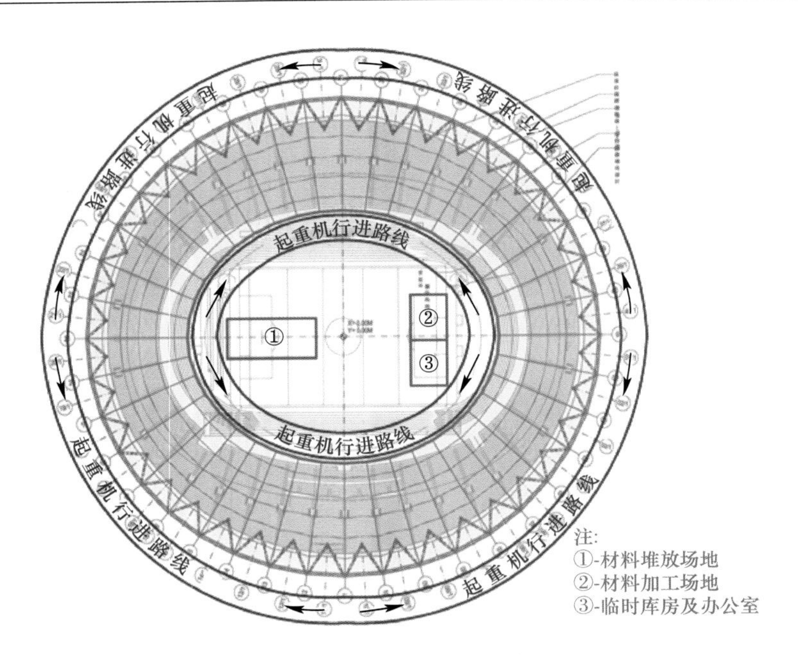

图 3-1　现场平面布置图示例

（14）施工安全措施；

（15）文明施工措施；

（16）特殊季节施工保证措施；

（17）环境保护措施；

（18）施工现场安全保卫措施。

其中重要的内容包括施工总平面图、施工安装方案以及施工进度计划及保证措施，这三点需要根据施工现场实际情况并结合工程本身特点进行布置。

编号	工作名称	持续时间	开始时间	结束时间
1	图纸深化设计	9	2020-09-18	2020-09-26
2	钢材采购	7	2020-09-22	2020-09-28
3	钢结构加工	25	2020-09-29	2020-10-23
4	膜材采购	7	2020-10-09	2020-10-15
5	膜加工	7	2020-10-16	2020-10-22
6	膜运输	7	2020-10-24	2020-10-30
7	铝型材、螺栓、附件等采购	18	2020-10-05	2020-10-22
8	铝型材、螺栓、附件、膜运输	7	2020-10-24	2020-10-30
9	钢结构运输	18	2020-10-13	2020-10-30
10	前期现场准备及钢结构安装	20	2020-10-18	2020-11-06
11	油漆	15	2020-10-26	2020-11-09
12	膜安装	15	2020-11-06	2020-11-20
13	竣工验收	1	2020-11-21	2020-11-21
星期				
工程标尺				

图 3-2　进度计划

3.2.3 审核批准

《施工组织设计》需经由施工单位、监理单位和建设单位审核批准。

（1）《施工组织设计》要经施工单位审核批准，根据不同级别工程《施工组织设计》的批准权限，由批准人组织设计负责人、安装部门负责人、项目经理部技术负责人、物资供应部门负责人对《施工组织设计》进行评审，形成评审文件。

（2）《施工组织设计》应报工程监理单位和建设单位批准，经批准后施行。根据住房和城乡建设部令第37号《危险性较大的分部分项工程管理办法》的规定，对于超过一定规模的危大工程需进行专家论证。

3.2.4 修改调整

根据现场实际情况，《施工组织设计》如进行调整，须按审批权限和报批范围重新获取批准后施行。

3.3 工程材料、工具设备的现场交付与管理

项目经理部具有调配物资及人员的责任及义务，所以在实际工程中，需要对物资材料管理形成一个体系。

3.3.1 物资准备

项目经理部配合物资供应部门进行工程材料、工具设备的准备，形成发货文件，由物资供应部门组织发货。

制作部门按照项目经理部施工安装方案的要求对膜单元进行包装并标识，以便顺序展开和安装。膜单元作为一个较特殊的成品，在工厂中生产完成后需要对其进行包装，此时项目经理部需要和制作部门进行沟通，保证包装方式的正确性以减少现场安装的困难。实际工程项目中通常采用现场打开包装的反向进行包装。

3.3.2 物资接收

工程材料、工具设备运输到现场后，由项目经理部负责接收，核对数量，查验质量检验报告、材质证明、合格证等相关文件。应确认在运输途中无尖物刺破、无重物压伤、无雨淋水浸、无高温烘烤等损害情况发生，如出现上述原因导致的损坏应追索相关单位责任，并采取补救措施。

3.3.3 外委物资检验

外委加工制作的钢构件、钢索及各类配件等进场后要对其进行检验，同时还需验证出

厂合格证、有关过程的检验试验报告等，需要时，可到供方验证。

3.3.4 现场物资管理

（1）项目经理部负责对到达现场的工程材料、工具设备进行装卸并搬运至安全的堆放场地。搬运时谨防破损、混淆、丢失、污染，在堆放处标识清楚，并由收发人员检验、查收、登记。

（2）膜单元包装件的搬运应采用合适可靠的搬运工具，严禁在硬地上拖曳，防止膜单元在搬运过程中被损坏。

膜单元包装件要选择干净、干燥、安全的库房或场地存放，要严格按膜结构安装现场的有关要求和膜材料储存的规定进行，避免膜材料受到污染或损坏。

（3）钢构件和大型钢索等大体积物资到达现场可存放在指定的场地，搬运时应注意对现场已施工完成成品（如地面）的保护，并注意作业人员的安全。

（4）小型钢索、附件和工具设备等较小或较零散的物品应存放于有密闭措施的临时库房中，以免丢失。

（5）项目经理部应做好防水、防火、防盗、防污染等安全防护工作，应采取具体的安全保卫措施对现场（无论是室内还是室外）存放的工程材料、工具设备进行保护。

（6）项目经理部应对现场所贮存的全部物资、材料进行清晰的标识，并对其按安装顺序的先后需要分区域、分层次存放。

3.4 施工安装的常用工艺及设备

3.4.1 施加预张力

（1）对张拉施工安装，其关键工艺为合理施加预张力。

《膜结构技术规程》CECS 158：2015 第 3.3.9 条条文说明概括了张拉膜结构施加预张力的几种基本方法（图 3-3）：①在边缘直接张紧膜面；②拉紧周围边索；③拉紧稳定索；④顶升中间支柱。

第一种方法是在边缘直接张紧膜面，比较容易理解，即对平面或曲面膜的每条边均匀施加预张力使其张紧。在实际工程应用中，会先对膜面上的关键点进行固定，再依次对各边进行张拉（图 3-3a）。

第二种方法是拉紧周围边索，中间固定，把周围底点向下张拉（图 3-3b）。

第三种方法是拉紧稳定索，即两边固定好之后拉紧稳定索，通过稳定索对膜面施加预张力（图 3-3c）。

第四种是顶升支柱，即周边固定好之后通过中间支柱向上顶升来对膜面施加预张力，此时中间点应力较为集中（图 3-3d）。

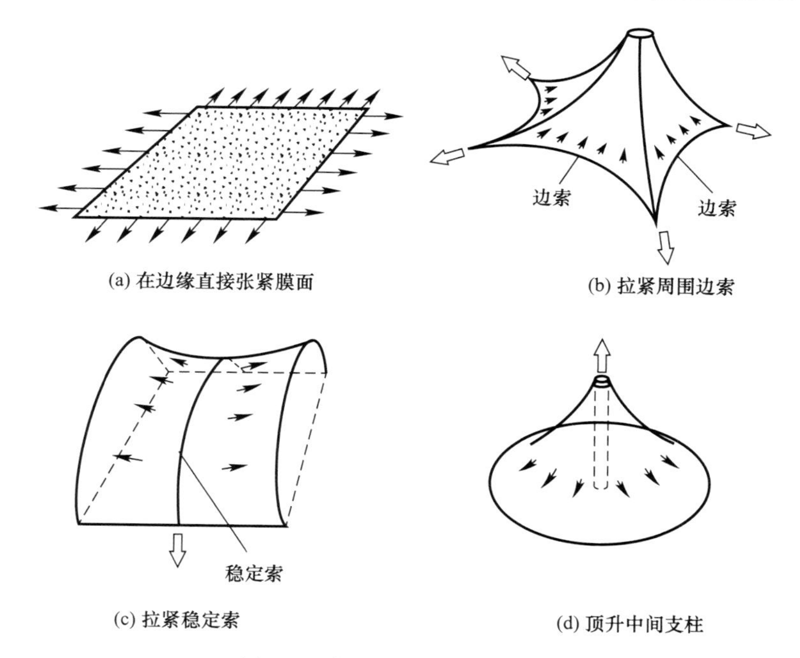

(a) 在边缘直接张紧膜面

(b) 拉紧周围边索

(c) 拉紧稳定索

(d) 顶升中间支柱

图 3-3 膜面施加预张力的方法

后续将结合实际工程案例对四种方法进行详细说明。

(2) 充气式膜结构，是对膜结构室内或气肋充气，依靠产生的气压差达到施加预张力的目的。

(3) 具体的膜结构工程项目中采用哪几种方法施加预张力，在膜结构体系中使用一点还是多点施加预张力，以及每种方法的具体实施手段，应在施工图设计阶段确定。一般来说在工程中，可能各种方法都要用到。

(4) 膜结构体系施加预张力的控制方法

目前对膜结构体系的应力，尤其是对钢索和膜面的应力，精确检测较为困难。因此对膜结构施加预张力的标准以位移控制为主，对有代表性的施力点通过检测内力作为辅助控制手段。这就需要从以下几方面对工程构件的加工制作精度和施工安装准确定位实行严格有效的控制：

① 对膜结构的支承结构的预埋件、地脚螺栓、预埋锚栓等的施工定位进行跟踪测量监控，确保施工定位准确。

② 对钢结构的下料、组拼等加工全过程进行严格检查监控，对钢结构施工安装进行跟踪测量监控，确保施工安装偏差控制在允许范围内（图 3-4）。

③ 严格控制钢索的制作长度，确保误差控制在允许范围内（图 3-5）。

④ 准确掌握每批、每卷膜材料的应力应变性能，正确取用补偿值。

⑤ 保证膜材最终制作尺寸的准确性。

3.4.2 在边缘直接张紧膜面

上海新国际博览中心屋顶膜结构是典型的通过在边缘直接张紧膜面的方法对膜结构施

加预张力的案例（图 3-6）。该工程膜单元的边界为钢结构形成的刚性边界，通过调整膜单元边界的张拉螺杆施加预张力。

张拉节点的示意图如图 3-7 所示，施工中先通过张拉螺杆将膜单元张拉到位，再覆盖防水膜。

图 3-4　大型钢索的构件安装

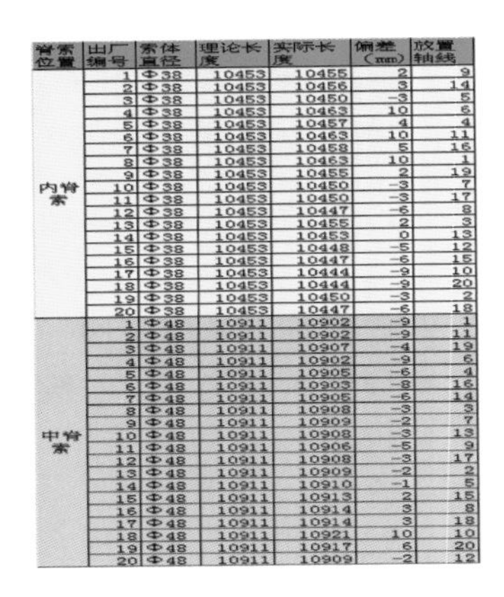

脊索位置	出厂编号	索体直径	理论长度	实际长度	偏差（mm）	放置轴线
内脊索	1	Φ38	10453	10455	2	9
	2	Φ38	10453	10456	3	14
	3	Φ38	10453	10450	-3	5
	4	Φ38	10453	10463	10	6
	5	Φ38	10453	10457	4	4
	6	Φ38	10453	10463	10	11
	7	Φ38	10453	10458	5	16
	8	Φ38	10453	10463	10	1
	9	Φ38	10453	10455	2	19
	10	Φ38	10453	10450	-3	7
	11	Φ38	10453	10450	-3	17
	12	Φ38	10453	10447	-6	8
	13	Φ38	10453	10455	2	3
	14	Φ38	10453	10453	0	13
	15	Φ38	10453	10448	-5	12
	16	Φ38	10453	10447	-6	15
	17	Φ38	10453	10444	-9	10
	18	Φ38	10453	10444	-9	20
	19	Φ38	10453	10450	-3	2
	20	Φ38	10453	10447	-6	18
中脊索	1	Φ48	10911	10902	-9	1
	2	Φ48	10911	10902	-9	11
	3	Φ48	10911	10907	-4	19
	4	Φ48	10911	10902	-9	6
	5	Φ48	10911	10905	-6	4
	6	Φ48	10911	10903	-8	16
	7	Φ48	10911	10905	-6	14
	8	Φ48	10911	10908	-3	3
	9	Φ48	10911	10909	-2	7
	10	Φ48	10911	10908	-3	13
	11	Φ48	10911	10906	-5	9
	12	Φ48	10911	10908	-3	17
	13	Φ48	10911	10909	-2	2
	14	Φ48	10911	10910	-1	5
	15	Φ48	10911	10913	2	15
	16	Φ48	10911	10914	3	8
	17	Φ48	10911	10914	3	18
	18	Φ48	10911	10921	10	10
	19	Φ48	10911	10917	6	20
	20	Φ48	10911	10909	-2	12

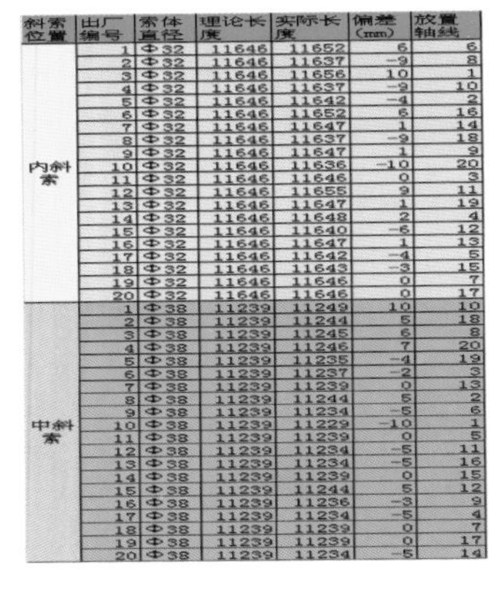

斜索位置	出厂编号	索体直径	理论长度	实际长度	偏差（mm）	放置轴线
内斜索	1	Φ32	11646	11652	6	6
	2	Φ32	11646	11637	-9	8
	3	Φ32	11646	11656	10	1
	4	Φ32	11646	11637	-9	10
	5	Φ32	11646	11642	-4	2
	6	Φ32	11646	11652	6	16
	7	Φ32	11646	11647	1	14
	8	Φ32	11646	11637	-9	18
	9	Φ32	11646	11647	1	9
	10	Φ32	11646	11636	-10	20
	11	Φ32	11646	11646	0	3
	12	Φ32	11646	11655	9	11
	13	Φ32	11646	11647	1	19
	14	Φ32	11646	11648	2	4
	15	Φ32	11646	11640	-6	12
	16	Φ32	11646	11647	1	13
	17	Φ32	11646	11642	-4	5
	18	Φ32	11646	11643	-3	15
	19	Φ32	11646	11646	0	7
	20	Φ32	11646	11646	0	17
中斜索	1	Φ38	11239	11249	10	10
	2	Φ38	11239	11244	5	18
	3	Φ38	11239	11245	6	8
	4	Φ38	11239	11246	7	20
	5	Φ38	11239	11235	-4	19
	6	Φ38	11239	11237	-2	3
	7	Φ38	11239	11239	0	13
	8	Φ38	11239	11244	5	2
	9	Φ38	11239	11234	-5	6
	10	Φ38	11239	11229	-10	1
	11	Φ38	11239	11239	0	5
	12	Φ38	11239	11234	-5	11
	13	Φ38	11239	11234	-5	16
	14	Φ38	11239	11239	0	15
	15	Φ38	11239	11244	5	12
	16	Φ38	11239	11236	-3	9
	17	Φ38	11239	11234	-5	4
	18	Φ38	11239	11239	0	7
	19	Φ38	11239	11239	0	17
	20	Φ38	11239	11234	-5	14

图 3-5　拉索精度控制及下料

图 3-6　上海新国际博览中心

国家体育场（鸟巢）（图 3-8）为骨架支承式膜结构，其内膜是 PTFE 材料的网格膜，其同样采用了通过调整膜单元边界的张拉螺杆施加预张力的方法。在施工中先将每片吊顶在地面上张拉完成，再整体吊装固定。施工过程如图 3-9 所示，结构实景图如图 3-10 所示。

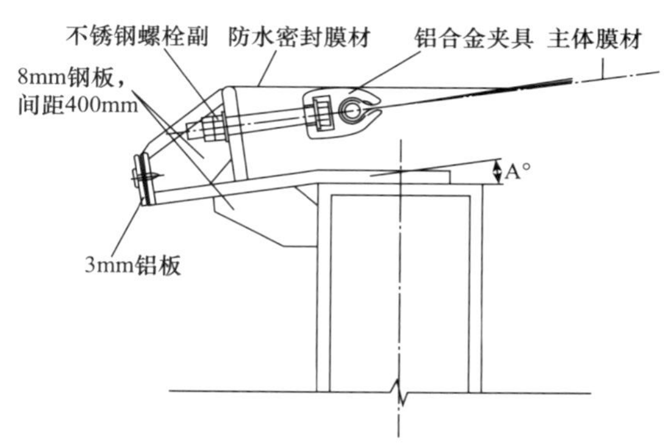

图 3-7 节点施工示意图

广东佛山世纪莲体育场（图 3-11）是国内早期较为大型的索系支承式膜结构，其与骨架支承式膜结构的区别为膜单元的边界为张紧的索系形成的刚性边界。该结构的施工过程分为两步，先将索系张拉成型，再把膜张拉安装至索系之上。该结构体系在没有安装膜之前已经自身稳定。

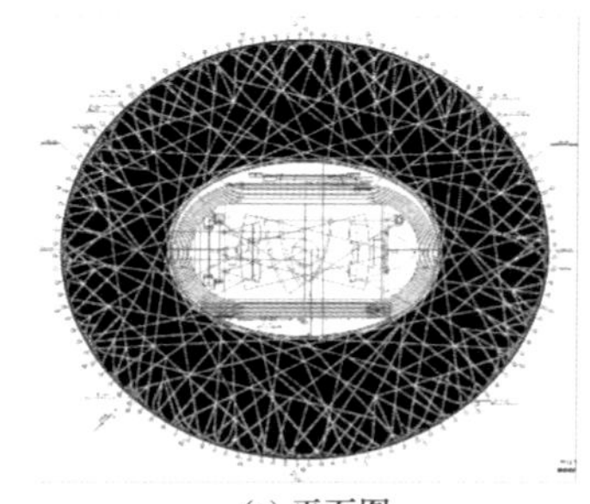

(a) 平面图

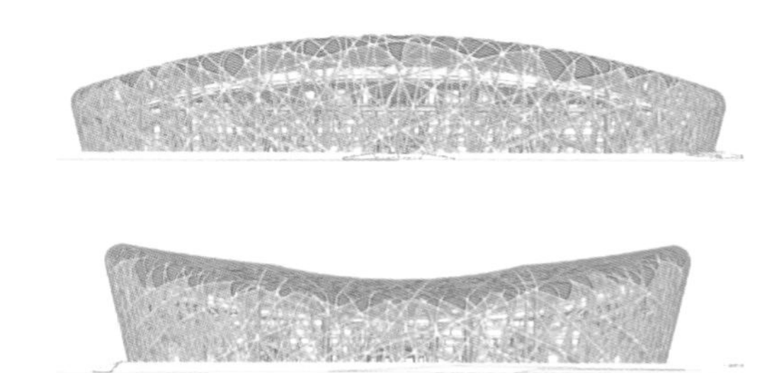

(b) 立面图

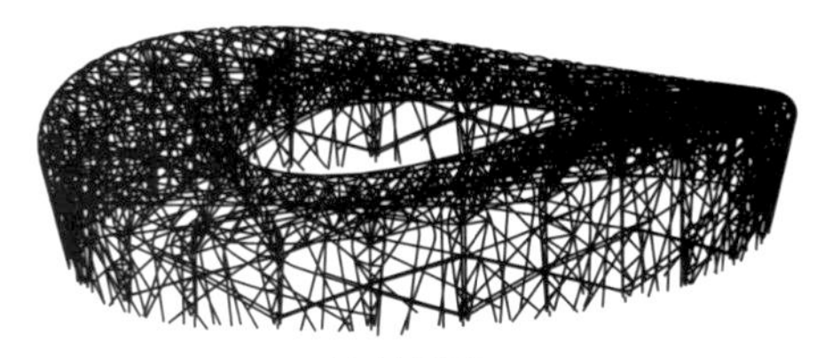

(c) 轴侧图

图 3-8 国家体育场（鸟巢）

图 3-9 国家体育馆（鸟巢）内膜施工图

图 3-10　国家体育场（鸟巢）工程实景照片

图 3-11　广东佛山世纪莲体育场

海口龙昆路南延过街天桥膜结构通过张拉模板进行张拉，该结构采用正逐步进入大众视野的网格膜作为膜材料，其特点为透光、透水、透景，能够提供较好的视觉效果。该项目共包含两座桥，其中一号桥通过调整膜单元边界的张拉螺杆施加预张力（图 3-12），二号桥直接张拉膜边铝压板固定施加预张力（图 3-13）。

3.4.3　拉紧周围边索

拉紧周围边索多用于整体张拉式膜结构，此种方法的特点是膜、索和钢结构成为整体以后结构才能够成型，即膜材为整个结构体系中十分重要的一部分，如果没有膜单元，结构便不能成型。上述特点也是整体张拉式膜结构与骨架支承式膜结构最大的区别，当骨架支承式膜结构未覆膜时，其仍旧为稳定的结构，若整体张拉式膜结构无覆膜，其为机构。

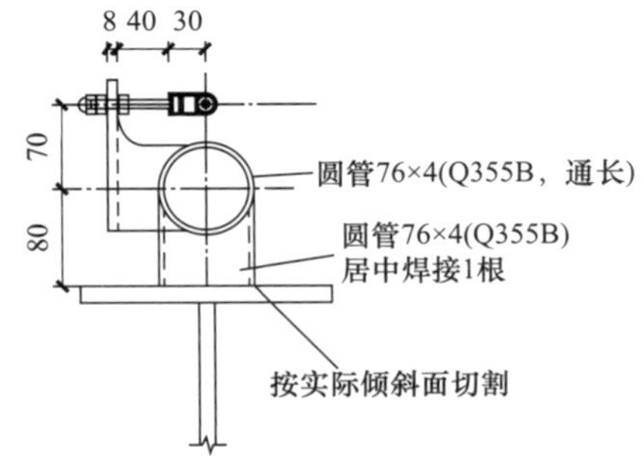

图 3-12　海口龙昆路南延过街天桥一号桥

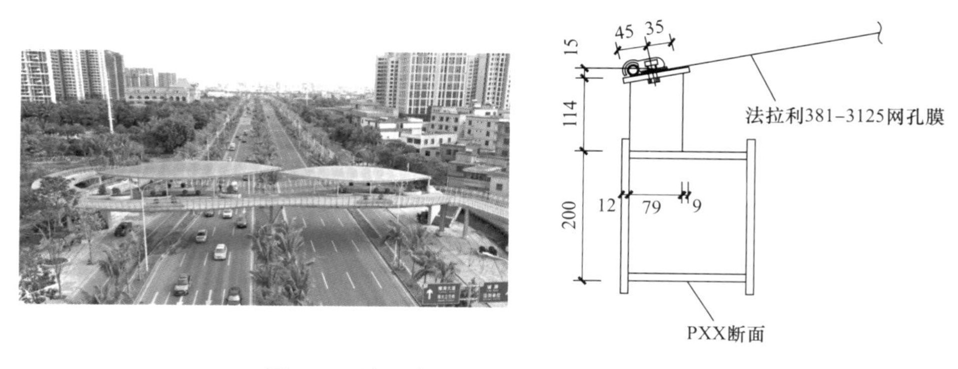

图 3-13 海口龙昆路南延过街天桥二号桥

北京亦庄开发区体育场（图 3-14）为典型的，通过向外调整边柱实现拉紧周围边索施加预张力的整体张拉式项目。该项目展开面积 2000 多 m^2，钢结构仅有 4 根主要桅杆及 5 根支撑杆，其主要通过拉紧前侧环索和后侧拉索来施加预张力，使结构整体成型。其工程实景照片见图 3-15。

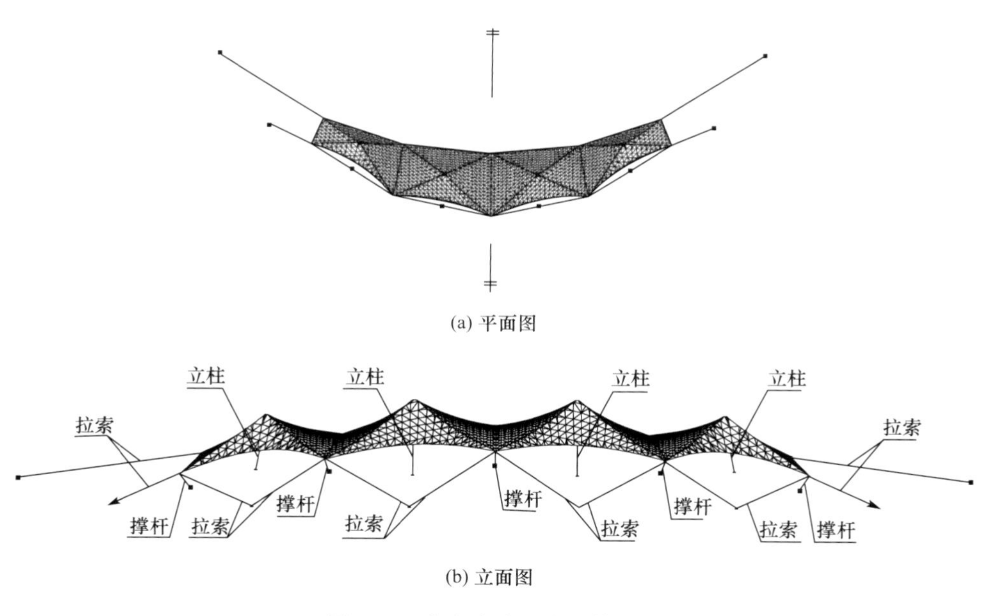

图 3-14 北京亦庄开发区体育场

图 3-15 北京亦庄体育场工程实景照片

在安装整体张拉式膜结构时，考虑到膜、索以及整个结构之间传力路径的清晰和稳定，应需要重点关注。要保证膜面的风荷载和雪荷载通过膜面传递到索，再通过索传递给结构，最终传递到支承点，这一传力路径在施工安装过程中需要明晰。

3.4.4 拉紧稳定索

拉紧稳定索的张拉方式较为简单，即两边边界固定后，通过拉紧稳定索对结构膜面进行张拉。

杭州游泳健身中心网球馆（图3-16）即通过张拉每个膜单元的谷索对膜面施加预张力。该项目建成较早，屋盖部分采用单层膜材，其工程实景照片如图3-17所示。

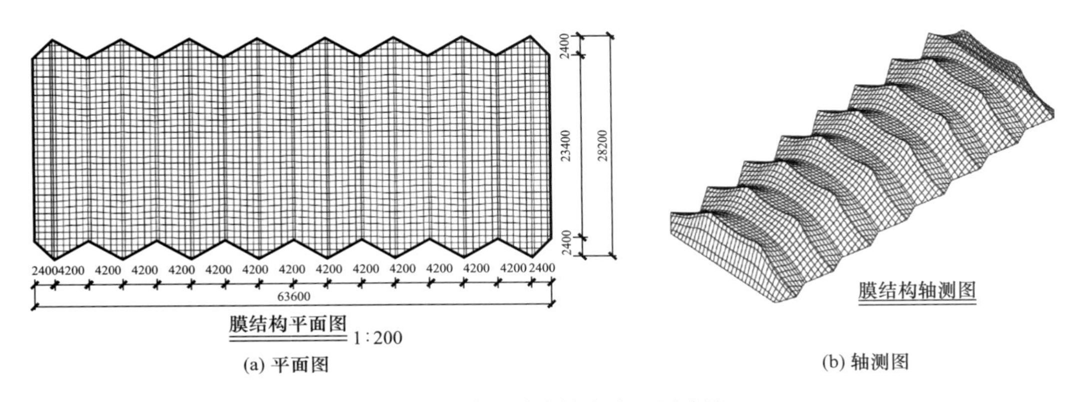

(a) 平面图　　(b) 轴测图

图3-16　杭州游泳健身中心网球馆

图3-17　杭州游泳健身中心网球馆工程实景照片

清华附中体育场同样采用脊谷式的结构体系，将屋脊固定好之后，张拉谷索使其形成有预张力的稳定体系（图3-18）。

3.4.5 顶升支柱

新疆奎屯体育中心体育场（图3-19）采用顶升立柱的方式对膜面施加预张力。具体流程为先固定周围边，然后通过千斤顶顶升帽顶，最终膜面整体成型。其实景照片如图 3-20 所示。

郑州航海体育场（图 3-21）通过顶升飞柱的方式对膜结构施加预张力。该体育场的结构体系如图 3-22 所示。该方法即在脊索和拉索到位以后通过调节飞柱的顶升装置来顶升膜的尖顶，最后给膜面施加预张力达到设计要求。

在安装张拉式或者有较多索系的膜结构时，在膜面和结构有连接或接触的位置，都要进行固定，以限制两者之间的相对滑动趋势。并且要注意对膜材的局部补强，以避免长时间应力集中导致膜材损坏。其工程实景照片如图 3-23 所示。

图 3-18　清华附中体育场

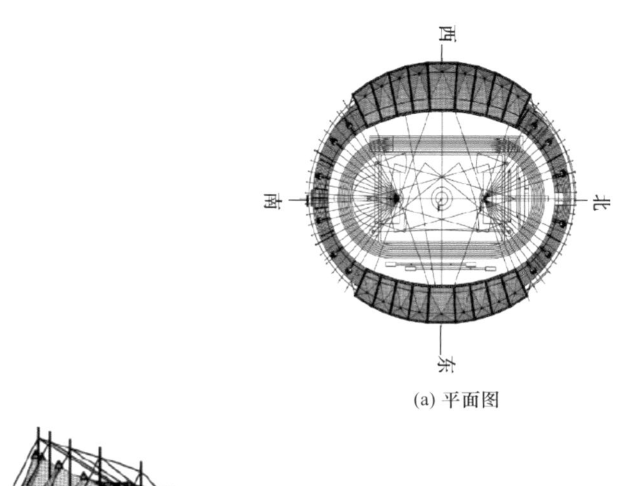

(a) 平面图

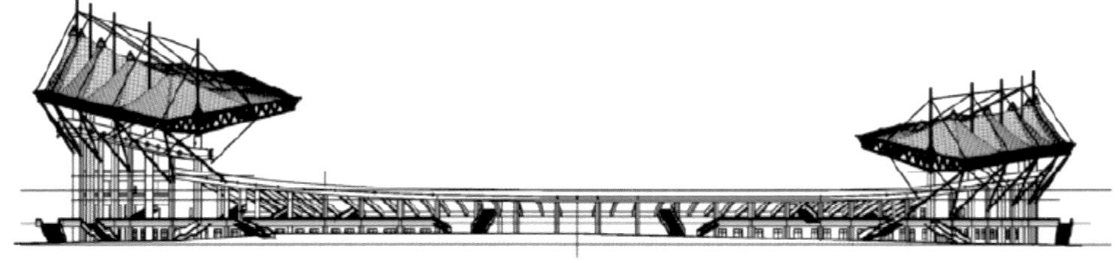

(b) 立面图

图 3-19　新疆奎屯体育中心体育场

图 3-20　新疆奎屯体育中心体育场工程实景照片

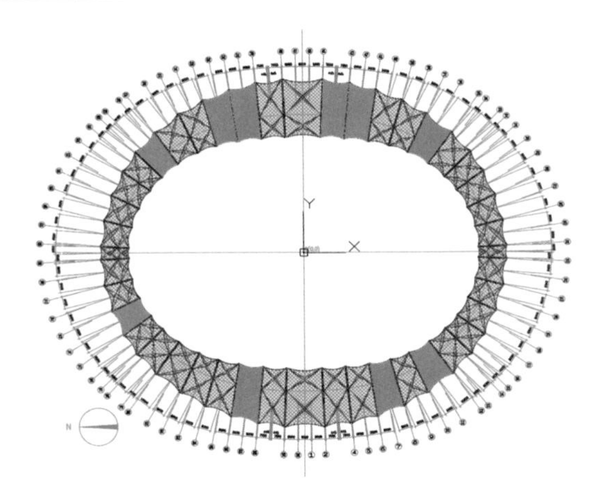

图 3-21 郑州航海体育场

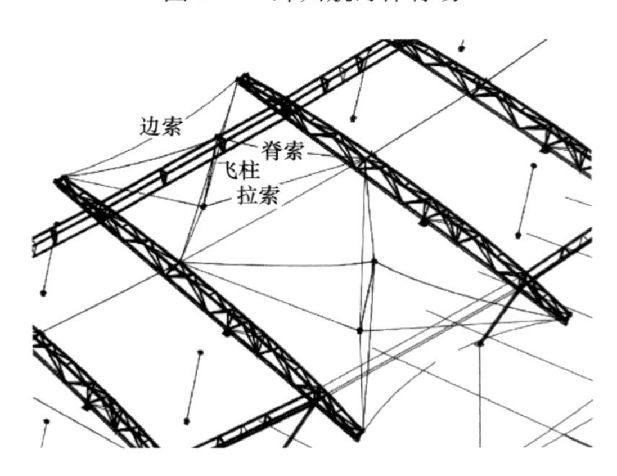

图 3-22 郑州航海体育场结构体系示意图

图 3-23 郑州航海体育场工程实景照片

3.4.6 施工安装的常用设备、仪器

根据膜结构工程所要求结构体系安装定位的准确性以及需要对结构体系施加预张力的特点，膜结构工程施工安装应配备以下仪器或设备：

1. 全站仪及配套设备（图 3-24）

用于监控各工序施工安装的准确定位。对于膜结构施工来讲，力通过位移控制，所以需要对尺寸进行精确测量。在实际工程中，要将实际测量数据与理论数据进行比对，若吻合可直接进行膜单元的设计，如有差距，需要对数据进行分析处理，再进行膜单元的设计。最后采用膜材的精准补偿值得到最终尺寸。

图 3-24 全站仪及支架型对中杆、棱镜

2. 自动转换行程穿心千斤顶及泵站、控制台（图 3-25～图 3-28）

自动转换行程穿心千斤顶用于钢索体系的整体提升。根据工程项目的具体情况，布置多台千斤顶，若干台千斤顶形成一组配置泵站，通过控制台实施全面控制。千斤顶上装有两套锚具，可远程控制，一套夹紧时另一套放松。通过远程控制液压缸的多次往复伸缩，逐步抽拉穿过穿心千斤顶的钢绞线，实现结构体系的整体提升。

图 3-25 千斤顶提升系统控制台

图 3-26 千斤顶分组泵站

图 3-27 双锚具转换行程穿心千斤顶

图 3-28 穿心千斤顶工作

3. 大行程千斤顶（图3-29）

大行程千斤顶用于顶升立柱方法给膜结构体系施加预张力，通过油泵压力表的数据可以换算出作用力值。施工中对有代表性的施力点的力值进行测量。

4. 大吨位千斤顶、油泵及测力装置（图3-30）

大吨位千斤顶用于张拉钢索的方法施加预张力。千斤顶系统配置有测力装置，可以直观准确地掌握作用力的情况。

图3-29　1000mm行程千斤顶及油泵

图3-30　320t千斤顶、油泵及测力装置

5. 千斤顶测力感应器及仪表（图3-31）

感应器配套安装在千斤顶顶杆端部，与千斤顶同时受力，通过仪表可直接读取千斤顶作用力值。这种感应器最大的优越性，是可以与手动千斤顶配套使用，不需要油管和电缆连接，便于高空或狭窄作业面使用。

图3-31　千斤顶测力感应器及仪表

6. 膜单元拉展、张紧器具（图3-32）

配套施工夹具，用于空中展开膜单元和直接张紧膜面施加预张力方法。

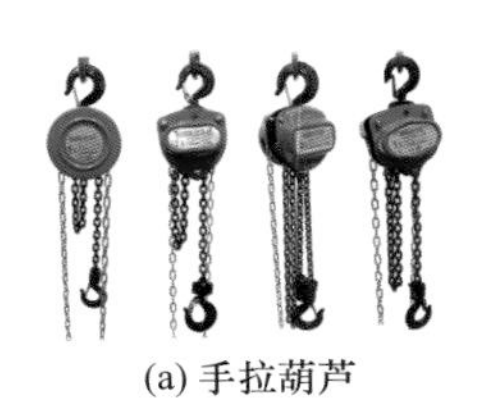

(a) 手拉葫芦

(b) 钢丝绳张紧器

(c) 纤维带张紧器

(d) 小型卷扬机

图3-32　膜单元拉展、张紧器具

7. 膜单元应力测试仪（图 3-33）

膜结构工程预张力施加完毕或工程回访时，用于检测膜面应力。此仪器精准度较有欠缺，适用范围较窄，但可以作为演示及参考用具。

图 3-33 膜单元应力测试仪

3.5 钢构件、设备系统、钢索及膜单元的安装

3.5.1 安装准备

（1）根据土建施工图和索膜结构安装要求对支承结构工作点坐标进行测量验收，以避免前期工作较大的误差对后期工作造成影响（图 3-34）。支承结构预埋件位置的允许偏差为±5mm，同一支座地脚螺栓相对位置的允许偏差为±2mm。检查预埋件及地脚螺栓、螺母有无缺损。对支座、钢构件、钢索间相互连接部位的各项尺寸进行最终复核。

图 3-34 钢结构交接现场

（2）如建设单位负责提供膜结构体系中的钢结构部分，钢结构工程应已测量验收合格，验收标准应符合《钢结构工程施工质量验收标准》GB 50205—2020，膜结构单位应办理工序交接手续。

（3）使用起重机，必须注意吊装构件的二次搬运，起重机进出通行道路。根据所用起重机的性能表（臂长、工作幅度与吊重的对应数据），计划好起重机支放位置与移动次数，充分利用起重机台班，提高工效（图 3-35）。

（4）查验并确认施工安装使用的工程材料、工具设备到场齐全，状态良好。

（5）检查施工场地和施工道路条件，必要时进行处置，使其符合安装工作的要求。

（6）落实施工安全措施。

作业半径	73.15		76.20		79.25		82.30	
	角度	起重量	角度	起重量	角度	起重量	角度	起重量
16	78.6	27.1	79.1	25	79.5	22.8	79.9	20.3
18	77.0	26.4	77.6	24.4	78.1	22.1	78.5	19.7
20	75.4	25.7	76	23.8	76.6	21.6	77.1	19.2
22	73.8	22.4	74.5	23.3	75.1	21	75.6	18.6
24	72.2	19.7	72.9	19.6	73.6	19.4	74.2	18.0
26	70.5	17.5	71.3	17.4	72.1	17.2	72.7	16.7
28	68	15.6	69.7	15.5	70.5	15.3	71.3	15.2
30	67.1	14.0	68.1	13.9	69	13.7	69.8	13.6
32	65.4	12.6	66.5	12.5	67.4	12.3	68.3	12.3
34	63.7	11.4	64.8	11.3	65.9	11.1	66.8	11.1
36	61.9	10.4	63.1	10.3	64.3	10.1	65.3	10.0
38	60.1	9.5	61.4	9.3	62.6	9.1	63.7	9.1
40	58.3	8.6	59.7	8.5	61.0	8.3	62.2	8.2
42	56.4	7.9	58	7.8	59.3	7.6	60.6	7.5
44	54.5	7.2	56.2	7.1	57.6	6.9	59	6.8
46	52.6	6.6	54.3	6.5	55.9	6.2	57.3	6.1
48	50.6	6.0	52.4	5.9	54.1	5.6	55.7	5.4

图 3-35　起重机作业半径、角度、起重量换算

3.5.2　安装过程防护和成品保护

（1）施工安装前应对全体施工人员进行产品防护的教育，使每位作业人员熟悉了解企业有关施工过程加强产品防护的相关规定，掌握《施工组织设计》中关于产品保护和过程防护的具体措施。

（2）项目经理部对施工安装过程和大型构件的搬运、吊装过程，有可能涉及的已完成的工程部分（如地面、墙面、屋面、门窗、设施、设备等）应采取成品保护措施，防止已完成的产品被踩坏、划坏、撞坏、砸坏、压坏。

（3）对建设单位提供的膜支承结构等已完成工程部分，应采取防护措施。对地脚螺栓、螺母等应进行防锈及防碰撞保护。

（4）膜结构施工安装过程中，对已完成的工序或已完成的工程部分应采取防护措施。尤其对已完成周边连接尚未施加预张力的膜单元，应采取切实有效的防风、防积水等保护措施。

（5）项目经理部对已完成安装的工程，尚未接收前均要采取防护措施妥善保管。施工现场要留有专人值守，直至交付使用。

3.5.3　钢结构、钢索（与钢结构共同完成的部分）的安装

1. 安装准备

（1）根据施工安装方案，项目经理部应细化具体安装步骤，向现场施工人员进行安装

技术交底并布置任务，责任落实到人。

（2）钢构件、钢索及配件在安装前应按施工图进行认真检验，不合格品应在安装前整改，合格后方可安装。

（3）大直径较长钢索展开时，应采用放索盘缓慢释放，将钢索的扭绞力全部释放（图 3-36）。

图 3-36　钢索展开

（4）使用起重设备，应对设备的技术性能做全面了解，确认其技术性能满足吊装任务的需要。并对设备可靠性进行调查，确认其状态良好。必须注意吊装结构件的二次搬运，起重设备进出和移动的通行道路，支点的承载情况。根据所用起重设备的技术数据，计划好支放位置与移动次数。

（5）钢构件是在地面局部组装后吊装还是单件吊装后组装，依照施工安装方案进行。施工安装方案确定吊装方案的原则是：保证质量、安全可靠、快捷经济。

（6）吊装件二次搬运中必须依照施工图，一一对应，核查清楚，并把吊装方向做好明显标识，保证吊装一次成功。

（7）吊装前严格检查钢索与钢构件连接部位的各项尺寸是否符合设计要求，如有误差，在地面修正后方可吊装。

（8）做好安全准备工作，安装现场严禁无关人员进入，并做好对其他建筑物的保护措施。

2. 钢构件、钢索吊装

（1）按事先制定的具体吊装方案严格执行，吊装方案的各个环节落实到人或班组，统一调配，统一指挥。

（2）钢索与钢结构连接时，钢索的编号及连接位置应反复核对，确保与施工图一致。

（3）立柱安装，应吊装一根，（临时）固定一根，使立柱的安装位置、尺寸满足下一步安装其他钢构件和钢索的要求。临时固定要安全可靠，便于拆卸（图 3-37）。

图 3-37　临时固定

（4）按照施工安装方案搭设安全稳固的高空作业工作平台，依序吊装其他钢构件和钢索并按施工图连接就位，凡暂时不能按施工图进行正式连接的部位，都须采取安全可靠、便于拆卸的临时固定措施。

（5）钢索在安装过程中注意保护和清洁，钢索和钢结构不允许出现因安装失误造成的损坏。

（6）按国家现行钢结构规范的有关规定进行各工序检验。

（7）安装过程中发现不合格因素，应立即暂停安装，分析查找原因并有效纠正后方可进行下一步施工。

3.5.4　膜单元、附件及钢索（与膜单元共同完成的部分）的安装

1. 安装条件

（1）决定能否进行膜单元安装的原则是：基础及预埋件是否达到设计要求，并满足验收标准；钢结构、钢索安装是否达到设计要求，并满足验收标准；运输及吊装路线是否畅通；膜单元地面展开的场地是否落实；若膜结构在空中展开，是否搭建好空中展开平台；膜单元安装是否与其他施工单位交叉，是否有其他不安全因素等。

（2）宜在全部土建和外装饰工程完工后，进行膜单元安装。

（3）按照施工安装方案，必要的钢构件、钢索吊装应完成，并采取安全牢固的临时固定措施。

（4）膜单元如在地面展开，场地应有足够的面积，以保证膜单元不在地面上拖拽或翻滚，并须保持场地清洁、平整，否则应在高空展开。无论在地面展开还是在高空展开，膜单元上面均不应上人操作，必须上人时，应检查确认膜单元下面无尖硬物并换穿软底清洁的工作鞋。高空上人作业时须有具体的安全措施。

（5）膜单元展开现场应进行围护，避免无关人员进入。

2. 安装准备

（1）高空操作平台及安全措施搭设完毕。

（2）将所有需要摆放膜单元的场地和高空平台清洁干净。

（3）把预先选定准备展开膜单元的场地平整清洁后，铺设洁净的地面保护膜。

（4）准备好连接附件。

（5）准备好吊装、提升所用工具、机具等设备。

3. 膜单元、附件及钢索安装

（1）膜单元和钢索的编号及连接位置应反复核对，确保与施工图一致。

（2）膜单元与钢索采用 U 形卡方式连接时，必须使用正确的附件，U 形卡应尽量垂直于钢索，偏离角度不得大于 5°。膜单元与钢索采用膜边套连接方式时，钢索从膜边套穿出后，两边露出的长度应符合施工图的要求。钢索直接压在膜单元上或直接绷在膜单元下时，应将接触面的杂物清理干净，以免施加预张力时破坏膜面。膜单元与钢结构采用花篮螺栓等可调附件连接时，必须使用正确的附件，并应将花篮螺栓调整至设计位置。索、附件、膜安装节点如图 3-38 所示。

（3）如地面安装附件，必须铺设地面保护膜。在保护膜上按安装方向展开膜单元，安装附件并拧紧，同时安装提升用临时夹具。

（4）如膜单元在高空展开后安装附件，应考虑附件防掉落措施，并确保附件安装牢固。

（5）膜单元边界如采用夹板螺栓的连接方式（图 3-39），应在安装每块夹板时逐一给膜单元边界施加一定的张力，将膜单元边界的补偿量（缩量）拉出来，使膜单元边界的孔位与夹板的孔位一一对应。膜单元边界的上下直夹板应错开搭接，不得有断头，收头处应用异形转角夹板过渡，不得有单孔直夹板的情况，所有螺栓须拧紧。膜单元边界如采用异形夹具连接方式（图 3-40），应在安装夹具前，给整条膜单元边界施加一定的张力，将膜单元边界的补偿量（缩量）拉出来后进行安装。异形夹具相接处，应在两根夹具的对接端部采取紧固连接的措施。

图 3-38　索、附件、膜安装节点

（6）膜单元与浮动环、转换板或固定边界采用封闭式连接时，应给膜单元边界施加一定的张力，将膜单元边界的补偿量（缩量）拉出来，使膜单元边界的孔位与浮动环、转换板或固定边界的孔位一一对应，必须使用正确的附件，拧紧螺栓。

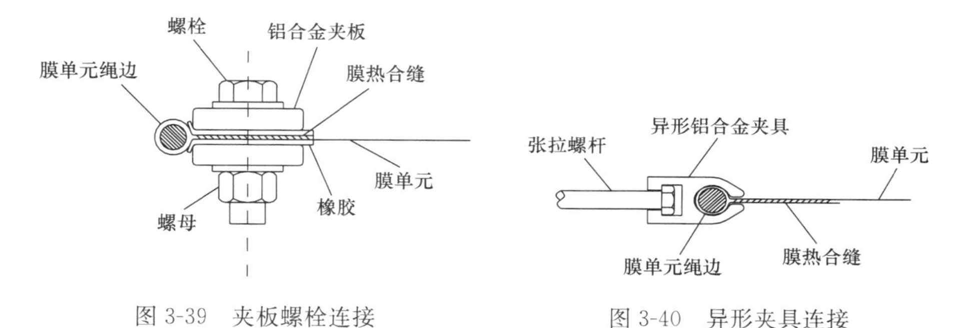

图 3-39　夹板螺栓连接　　图 3-40　异形夹具连接

（7）膜单元连接时万一对膜单元造成破坏，破坏数量及每处破坏面积应符合相关标准的规定，修补时，应使用专用的便携式热合设备，按膜单元现场修补相关标准操作。

4. 膜单元吊装、提升和展开

（1）按照施工安装方案搭设安全稳固的高空作业工作平台。

（2）PVC 膜单元吊装及高空展开的常规做法：

P 类膜基材为聚酯纤维，可以在不造成强度损伤的情况下进行折叠，折叠后再进行张拉能够回到原位，且不会有折痕。所以施工中可以将膜单元从两边向中间做风琴式折叠成条状，再将条状膜单元从一端向另一端或从两端向中间做风琴式折叠成吊装件，其宽度和长度根据吊装需要确定。吊装至高空作业平台后，使用卷扬机等设备进行牵引，先沿条状展开。为防止剐蹭，应布置多道滑索，将条状膜单元搁置于高空平台上。之后，沿两条膜单元边界挂设张紧器，间距随膜单元大小而确定，将膜单元向两边全面展开（图 3-41）。

（3）PTFE 膜单元吊装及高空展开的常规做法：

G 类膜基材为玻璃纤维，此种材料的折叠会带来较大的强度损失，尤其是 6μm 的膜材，所以其吊装及展开的方式也与 P 类膜材有所不同（图 3-42）。

① 将膜单元展开并按吊装要求重新包裹，安放于专用吊装架上，用吊车将膜单元吊至安装位置一侧高空作业平台上。之后，沿膜单元边界挂设张紧器，间距随膜单元大小而确定，将膜单元向另一侧拉伸全面展开。

图 3-41　P类膜材吊装及展开施工图

② 将膜单元卷绕在吊装专用钢管轴上，钢管轴上设有机械转动装置，用吊车将膜单元吊至安装位置上空，通过摆动吊车和转动钢管轴逐步将膜单元展放于安装位置。高空安装位置应预先铺设绳网，用于摆放展开的膜单元。

（4）地面安装附件的膜单元提升的常规做法：

将膜单元在地面展开安装好附件后，使用小型卷扬机将膜单元提升（或提升转移）至安装位置的正下方，沿膜单元周边多点挂设吊点，间距随膜单元大小而确定（图 3-43）。

（5）吊装膜单元时须几个班组紧密配合，协调工作，统一指挥。吊装前必须确定膜单元的准确位置，保证一次吊装成功。高空作业人员携带随身工具各就各位，随时协助膜单元吊装及展开就位。展开就位后应进行膜单元的临时拉结，并以最快速度完成高空连接。膜单元安装时须安排好当日工作量，做到当日收工时所安装膜单元应连接完毕。如遇膜单元较大，当日不能完成连接，收工前必须采取安全牢固的临时连接措施。

（6）膜单元吊装及展开时风力不宜大于四级。**风力达到五级及以上时，严禁进行膜单元安装。**

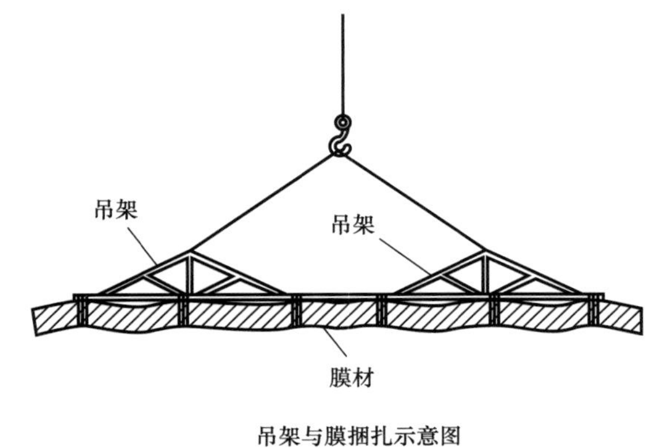

图 3-42　G类膜材吊装及展开施工图

图 3-43　地面展开后吊装施工

3.5.5　膜结构体系施加预张力

（1）施加预张力是膜结构工程安装的关键环节，也是整个膜结构体系结构安全的重要保障。

（2）施加预张力方案在初步设计中就应确定，在施工图中应明确表述，在施工安装方案中做详细的操作策划。施加预张力方案的确定应考虑以下几点重要因素：

① 力应均匀传递，不能存在死角（保证了预张力的均匀传递，膜裁剪亦相对准确，不但能保证结构的安全性，对消除褶皱也是有效手段）；

② 受力部件的力值不宜过大（大的概念应根据施力位置而定，在地面可大些，在高空、在作业面狭窄的位置应小些，否则设备沉重，施工困难。施力过于集中，也会导致力的不均匀传递）；

③ 便于整个结构体系安装（成品膜单元要比预张力状态下的膜单元小，施加预张力方案必须考虑此因素导致的安装难度）；

④ 有良好的工作面，掌握施力机具的人员易于操作；

⑤ 应适当留有位移余量，以便进行预张力调整。

（3）安装调试

按施工图将所有安装的可调部件调节到位。将可调基础锚座的连接板调节到位。

（4）预张力施加

① 严格检查千斤顶、油泵、测力装置、仪表和施力机构是否完好。

② 对膜单元与钢索、钢构件和支承结构的连接节点进行全面检查，确认膜单元边界及节点处的所有附件连接完好，不会有膜单元集中受力的情况。发现膜单元有集中受力的部位，须立即采取调整措施。

③ 认真核对施工图，仔细确认施力点的位移量和预应力状态下的受力值。

④ 按施工安装方案，用千斤顶等施力工具和测力装置，在施力点对整体结构体系施加预张力。施力过程按施工安装方案确定的步数和每步的位移量进行，如有必要可视现场具体情况做有效的调整。同时在膜单元上适当位置观察膜的均匀张紧程度和整体结构体系的受力情况，观察施力设备的施力值。

⑤ 为保证预张力的逐步均匀传递和消除膜材料的徐变，最后一步施加预张力与上一步的间隔时间应大于 24h。

⑥ 施加预张力的控制标准，以施力点位移达到设计范围为准，允许误差±10%，即通过位移控制张拉程度。膜结构体系中的各结构部件应力求制作准确，施工安装在严格的测量监控下应力求定位准确，在这一前提下，位移控制膜结构体系的预张力水平更直观到位，力值也应与设计值基本吻合。位移允许偏差±10%可以包容制作、安装的累积偏差。用力值控制预张力的施加水平可能会受到摩擦力等多种因素的干扰。在有代表性的施力点，抽检力值做参考，更有利于预张力施加的控制。

⑦ 在膜单元边界直接张紧膜面的方法施加预张力，应尽量做到膜单元周圈的施力水平均匀一致。

⑧ 施加预张力的过程，应对各施力点的施力次数，以及每次施力的位移量和力值做详细的工作记录。

⑨ 膜结构安装完工 1～2 年应进行预张力补强，此项工作特别是对 P 类膜材较为重要，P 类膜材在使用过程中，相对于 G 类材料，更易产生徐变，此时需要对其进行预张力补强以使其恢复到设计值。实施时间宜在夏季。

3.5.6　其他部件安装和工程收尾

（1）膜结构体系之外附属的其他部件（如马道、桥架等）。

（2）柱帽、雨水斗、有组织排水的排水沟、排水管等部件。特别需要注意排水沟的清洁问题。

（3）避雷做法（如需穿膜，应有相应的防水做法）。

（4）施工安装盖口。如采用膜材料做防雨盖口，用便携式 PVC 或 PTFE 焊接设备在高空热合，须做到焊缝处无漏水渗水现象且表面平整美观。

（5）清洁膜单元内外表面，不允许存在严重污染，膜单元清洗宜用中性清洗剂。

（6）拆除高空作业工作平台，清理打扫施工现场。

3.6　安装过程控制

3.6.1　过程控制概述

为保证膜结构工程施工质量，对影响工程安装质量的工程材料、设备、工机具、环境和人力资源配备过程应加以控制。过程控制应贯穿膜结构工程安装的全过程，并按管理规定完成每个过程相关的书面文件。

3.6.2　各部门分工

1. 设计部

设计部负责提供正确的施工图及与安装有关的技术资料，向安装部做技术交底，并形成《安装技术交底记录》。

2. 物资供应部

物资供应部门负责提供合格的工程材料和状态完好的安装工具、设备。物资抵达现场，项目经理部负责查验、清点、接收，并作书面记录。

3. 项目经理部

项目经理部是过程控制的责任部门，责任人是项目经理，职责如下：

（1）组织编制并上报《施工组织设计》，批准后作为工程项目全过程整体控制的依据。

（2）对安装所需资源有效控制，做好协调配备。

（3）严格控制安装方案的落实及进度计划的实施。

（4）协调项目经理部与其他部门技术问题的解决。

（5）协调监督施工现场条件，保证适宜的安装环境。

（6）对影响工程安装过程质量的因素进行控制，做好各道工序安装质量的过程检验并做好记录。

（7）对现场使用的安装工具、设备进行维修保养控制并做好记录，确保工具、设备在安装过程中状态完好。

（8）对现场使用的工程材料的储存、保管、发放进行控制。

（9）对安装过程中所发生的测量过程进行监控，填写相关书面文件。

（10）对作业安全进行控制。

（11）做好安装过程的施工记录，完整填写《施工日志》。施工日志的内容可分为五类：基本内容、工作内容、检验内容、检查内容、其他内容。这一部分会在3.6.3节进行详细说明。

（12）对施工管理全过程的所有往来文件进行有效控制，严格执行文件管理程序的有关规定，重要事项必须有书面记录文件并往来传递，往来文件必须履行签收手续。

（13）整理竣工验收所需资料，向有关单位提交竣工验收报告，参加建设单位主持的竣工验收。竣工验收合格后交付产品。

3.6.3 施工记录

1. 基本内容

（1）日期、星期、气象（按上午和下午分别记录）、平均温度（可记为XX℃—XX℃）。

（2）施工部位。施工部位应将分部、分项工程名称位置和轴线等记录清楚。

（3）出勤人数、操作负责人。出勤人数一定要分工种记录，并记录工人的总人数，以及工人和机械的工程量。

2. 工作内容

（1）当日施工内容及实际完成情况。

（2）施工现场有关会议的主要内容。

（3）同建设单位、监理单位、总包方及分包方发生的工作交涉情况等。

（4）有关主管部门或各种检查组对工程施工技术、质量、安全方面的检查意见和决定。

（5）建设单位、监理单位对工程施工提出的技术、质量要求、意见及采纳实施情况。

3. 检验内容

（1）隐蔽工程验收情况。应写明隐蔽工程的内容、位置、轴线、分项工程、验收人员、验收结论等。

（2）材料进场、送检情况。应写明批号、数量、生产厂家以及进场材料的验收情况，送检材料后补上送检后的检验结果。

4. 检查内容

（1）质量检查情况。当日施工内容等的质量检查和处理记录，质量事故原因及处理方法，质量事故处理后的效果验证。

（2）安全检查情况及安全隐患处理（纠正）情况。

（3）其他检查情况。如成品保护、文明施工及场容场貌管理情况等。

5. 其他内容

（1）设计变更、技术核定通知及执行情况。

（2）施工任务交底、技术交底、安全技术交底情况。

（3）停电、停水情况，是否导致停工或误工情况。

（4）施工机械故障及处理情况。

（5）冬雨期施工准备及措施执行情况；因天气原因导致的停工或误工情况。

（6）施工中涉及的特殊措施和施工方法、新技术、新材料的推广使用情况。

3.6.4 《施工组织设计》的评审与批准

项目经理编制的《施工组织设计》，依照相关规定进行评审，形成文件《施工组织设计评审记录表》，对《施工组织设计》的质疑内容应进行修改，经规定的批准范围的权限批准人批准后执行。

3.6.5 工程材料、工具设备的管理

（1）无论是自行加工的工程材料还是外协加工或采购的工程材料以及工具、设备运达施工现场，项目经理部都要根据物资供应部门的《发货清单》详细清点，验证工程材料的质量文件并再次检验后填写《内部材料加工质量评定表》和《外协材料加工质量评定表》，办理交接手续，填写《工程材料交接记录表》和《工具设备交接记录表》。

（2）工程材料、工具设备依照《施工现场材料管理规定》进行管理，应建立《现场材料、工具台账》。发放时应填写《领料清单》和《工具借用清单》。

（3）项目经理部负责现场工具设备的维修保养，应完成《工具设备维修、保养记录表》。通过及时妥善的维修保养，尽可能提高工具设备的完好率。

（4）项目经理部在膜结构安装过程中应对所需租用的大型设备进行调查，填写《大型设备租用调查表》，确定满足使用要求后方可租用，以保证其在安装过程中不影响安装产品的质量和进度。

3.6.6 安装环境

项目经理部负责在膜结构安装过程中对现场进行适时清洁，以确保产品的清洁；根据不同工序的施工环境要求，对安装现场进行必要的围护，确保施工现场内的安全。及时填写《安装条件信息表》。

3.6.7 人力资源配备

（1）项目经理应由具有项目经理资格的工程技术人员担任。项目经理部的其他组成人员（如质量员、安全员、资料员等）应持有相应的资格证上岗。

（2）特殊工种的技术工人应持有相关部门考核颁发的资格证书上岗，项目经理部负责查验证件并作基本考核，应填写《特殊工序作业人员资格认定表》。

3.6.8 建设单位提供的产品的检验

项目经理部应对建设单位提供的基础等支承结构、钢结构进行检验，形成文件《连接部位测量记录表》《测量结果评定意见表》，填写《顾客提供产品质量记录表》，验收合格后办理交接手续。

3.6.9 安全培训

项目经理部负责对所有参加工程施工人员进行安全培训，并填写《安全培训记录》。其中，“所有人员”包括技术负责人、施工员、安全员、临时工以及全部进入施工场所的人员。

3.6.10 各道工序施工的过程检验

（1）项目经理部按《施工组织设计》并依照相关的现场施工操作和管理规定组织施工安装工作。项目经理、项目经理部质量员和质检部门驻现场专职质检工程师对钢结构安装、钢索安装、膜单元安装、附件安装、附属工程安装、防腐工程等每道工序应按规定程序分项、分部进行检验，并形成相关检验文件《连接部位测量记录表》《钢构件焊接质量检验评定表》《钢结构主体施工安装质量检验评定表》《安装过程自检表》《安装过程互检表》《安装过程复检表》以及《安装工程质量检验单》等（图 3-44）。

（2）施加预张力的过程应填写《膜结构施加预张力过程记录表》。

3.6.11 最终检验

安装工程全部结束后，由项目经理部组织，专职质检工程师负责，依照《膜结构技术规程》CECS 158：2015 和《膜结构工程施工质量验收规程》T/CECS 664—2020，对整体膜结构工程进行最终检验、测量，全部合格后，填写《膜结构安装工程质量检验单》，并由参与施工安装和检验的相关人员签认。同时查验竣工资料的收集整理情况，查证是否齐全、有效。

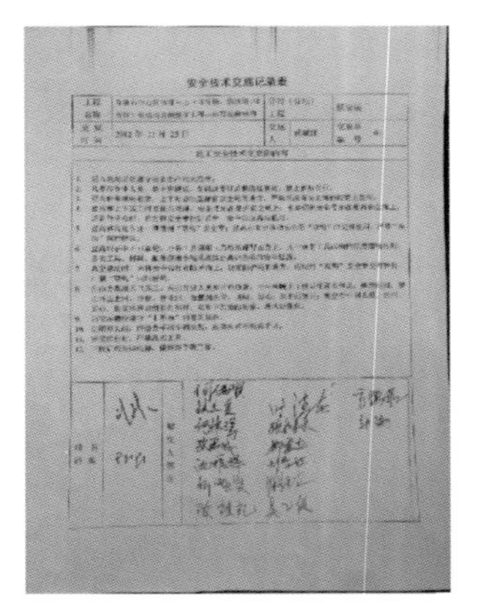

(a) 安全技术交底记录表

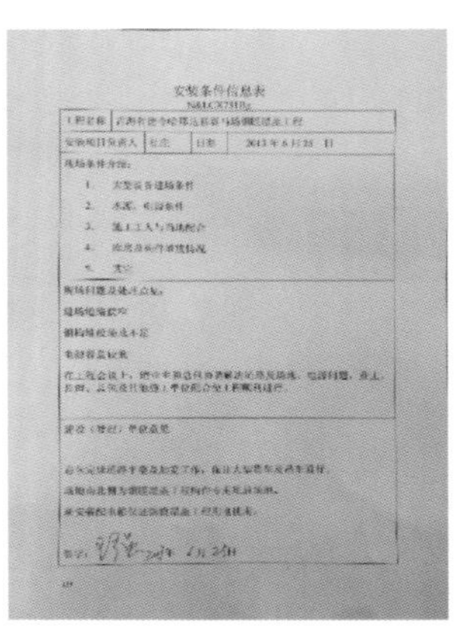

(b) 安装条件信息表

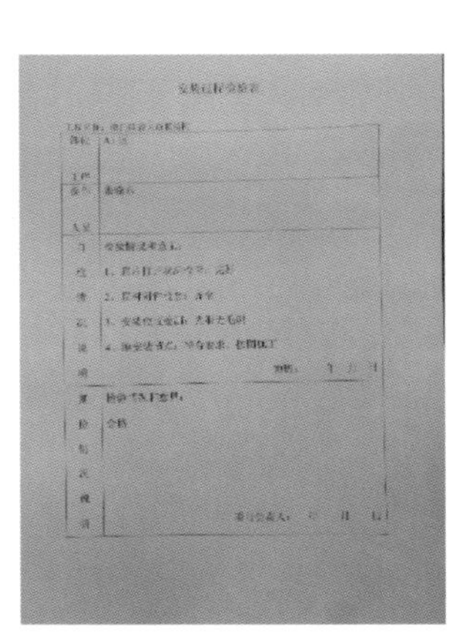

(c) 安装过程检验表

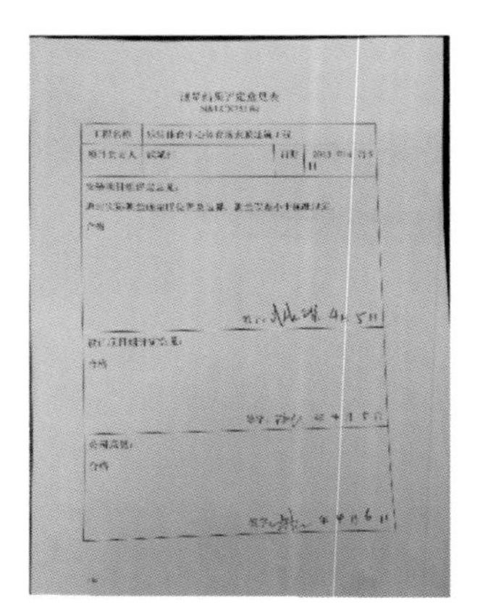

(d) 测量结果评定意见表

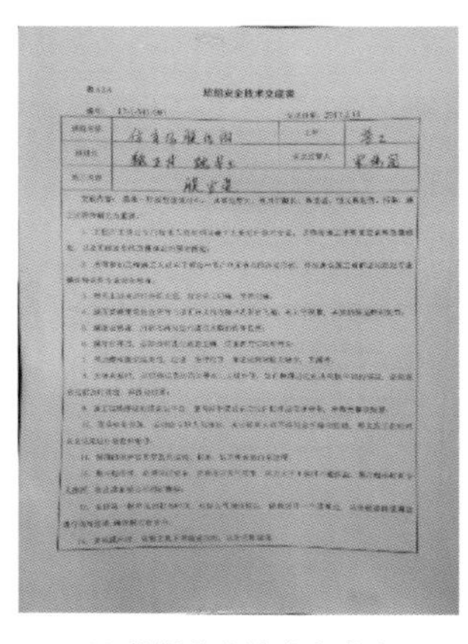

(e) 班组安全技术交底表

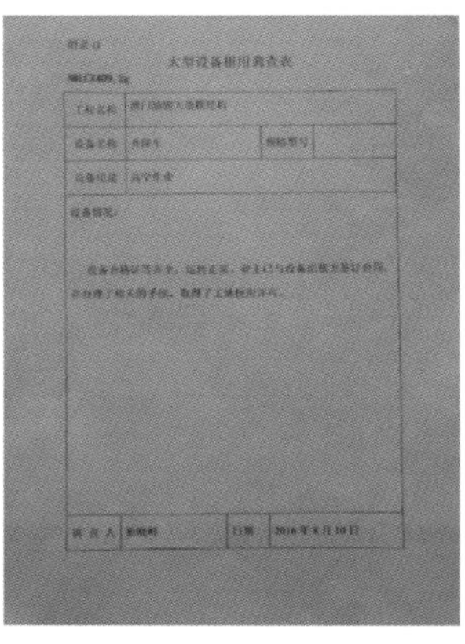

(f) 大型设备租用调查表

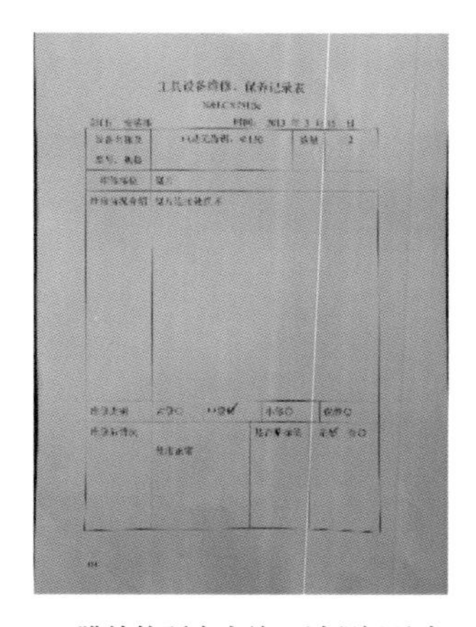

(g) 膜结构预应力施工过程记录表

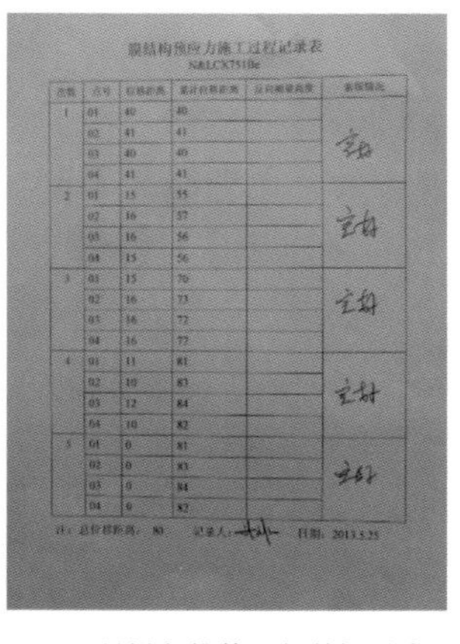

(h) 工具设备维修、保养记录表

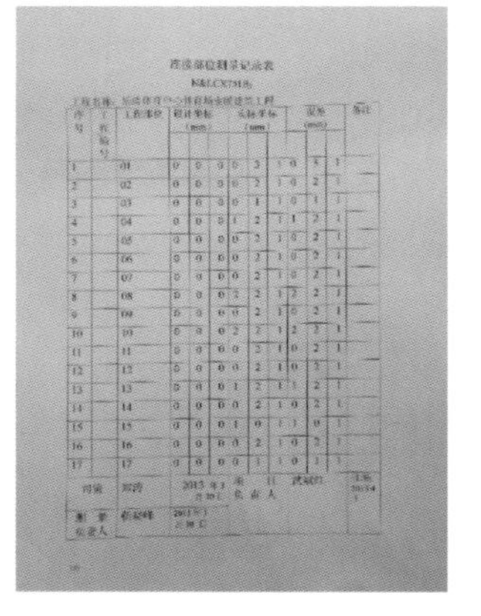

(i) 连接部位测量记录表

图3-44　部分表格样本

3.7 竣工验收

3.7.1 竣工资料

（1）工程全部完工后，由项目经理部向建设单位提交完整的竣工资料和《膜结构工程竣工验收报告》。其中，膜结构维护保养手册需要一并放到竣工资料中提交给监理及业主，并且在移交前对业主单位进行培训，以保证结构的长期使用及维护。

（2）竣工资料包括以下内容：

① 竣工图，须加盖竣工章、设计变更文件；

② 技术交底记录、施工组织设计；

③ 安装过程中形成的与工程技术有关的文件；

④ 安装所采用的钢材、连接材料和涂料等材料质量证明书或试验、复验报告；

⑤ 工厂制作钢构件的出厂合格证；

⑥ 首次采用的钢材和焊接材料焊接工艺评定报告；

⑦ 焊接质量检验报告；

⑧ 隐蔽工程验收记录；

⑨ 工程中间检查交接记录；

⑩ 钢结构安装后的涂装检测资料；

⑪ 设计要求的钢结构试验报告；

⑫ 制索钢丝、保护套、锚具材质证明；

⑬ 钢索锚具探伤检验报告；

⑭ 钢索加工制作质量检验报告；

⑮ 钢索出厂合格证；

⑯ 膜材料生产厂家提供的膜材料使用年限质保单；

⑰ 膜材料相关试验检验报告；

⑱ 膜材料热合强度抗拉试验报告；

⑲ 膜单元加工制作质量检验报告；

⑳ 膜单元制作产品合格证；

㉑ 各类附件的材质证明；

㉒ 各类附件的质量检验报告；

㉓ 附件制作产品合格证；

㉔ 膜结构安装检测记录；

㉕ 预张力施加过程记录；

㉖ 膜结构工程测量结果评定意见表；

㉗ 建设单位要求提供的其他资料。

（3）竣工图由设计负责人负责整理。

（4）其他竣工资料的整理和保管由项目经理负责，项目经理部资料员具体办理。

3.7.2 联合验收

由建设单位组织监理单位、设计单位、施工单位和依据相关规定有必要参加验收的其他单位，依照设计要求和国家或部委、行业、企业等有关的验收规范、标准进行联合验收。

（1）钢构件、钢索依照国家有关验收规范验收；

（2）各类附件依照相关标准验收；

（3）膜单元加工制作、膜结构工程安装依照施工图、《膜结构技术规程》CECS 158：2015 和《膜结构工程施工质量验收规程》T/CECS 664—2020 验收。

3.7.3 现场查验内容

1. 钢结构制作、安装

依照相关验收规范和标准，对钢结构的制作安装进行查验评定，如：下料切割状态，切割精度；钻孔观感；焊缝观感，焊渣清除情况；高强度螺栓连接，终拧情况；螺栓连接；结构外观；涂装情况、观感；结构上的临时设施拆除或处理情况等。

2. 钢索安装

查验钢索保护套或防腐涂层有无明显损伤；索体与锚具连接位置的密封处有无明显损坏；锚具防腐涂层有无明显损伤。可调钢索是否调节到位。

3. 膜单元安装

查验膜单元边界和膜单元节点与附件或相关构件连接是否正确，夹具是否安装到位，有无遗漏。膜单元不应出现大面积的褶皱，局部褶皱的褶皱面积和总褶皱数应符合有关标准的要求。膜单元外观应无明显的脏污痕迹。制作工序中所使用的粘贴件、划痕应去除并清理干净。因运输、安装所造成的膜单元局部污染，污染面积和程度应符合有关标准的要求。

4. 膜结构体系

（1）膜结构体系的几何形状应用全站仪进行全面测量，比照设计文件中预应力状态下的几何形状，误差应控制在相关标准规定的允许范围内。

（2）查验控制预张力施加是否到位的位移量，位移的偏差值应控制在相关标准规定的允许范围内。可通过使用膜面应力测试仪或简易方法等手段对膜单元预张力是否施加到位进行辅助判断。

（3）体系外观、造型应符合设计要求。

（4）排水坡度。膜结构体系的排水坡度应符合设计要求及使用功能要求。

（5）屋面防水。通过下雨观察或淋水试验等方法，检查屋面有无漏水情况。

3.7.4 其他注意事项

（1）验收合格后，填写《膜结构工程竣工验收证明》，参加验收的各方签认并盖章。

（2）项目经理负责整理一套完整的竣工资料原件，报送施工单位技术负责人，经查验确认没有不清楚或缺损的情况，送交施工单位档案室存档。

（3）项目经理负责将完整的膜结构工程竣工验收资料原件分别报送建设单位、监理单位、甲方等依据有关规定应呈报的单位，并完成与合同甲方的交接手续。

（4）膜结构工程维护保养手册一并移交使用方。

第 4 章　ETFE 膜结构安装

4.1　ETFE 膜结构

ETFE 膜结构可分为单层或双（多）层气枕两大类。其中，气枕式膜结构一般是由多个气枕单元集合而成的结构体系，单个气枕单元的膜面形成封闭曲面及密闭空间，其周边固定于刚性骨架上。目前气枕式膜结构多采用 ETFE 气枕单元。

与张拉膜结构相比，ETFE 气枕的安装相对简单，但单层 ETFE 安装难度与施工质量要求均较高。同时，ETFE 膜结构的施工质量与节点构造细部设计及加工制作有密切联系。基于 ETFE 气枕式膜结构的特点，本章结合工程案例重点阐述该类膜结构在制作与安装中应注意的相关问题。

4.1.1　ETFE 膜材料的特性

理解乙烯-四氟乙烯聚合物（ETFE）薄膜材料的特性，对其加工、制作和安装等环节的质量保证是至关重要的。

ETFE 膜材最突出的特性为高通透性，单层透明的 ETFE 膜材的透光率可以达到 94%以上，而且由于较高的通透性，其紫外线稳定性良好，即抗老化性能突出。相对于一些织物（PTFE 和 PVC）材料，ETFE 膜材非常柔软，弹性模量小，伸长率可以达到 300%以上。此外，ETFE 膜材的自洁性能也非常突出，深受建筑师与业主青睐。

ETFE 膜材料的声音通透性非常优越，对回音要求较高的建筑结构也可以采用 ETFE 膜结构，其内部空间的回声小。除此之外，ETFE 膜材料还具备质量轻、使用寿命长、防火性能良好、可回收再利用以及耐腐蚀性优等特性。

为满足建筑师对建筑效果的不同需求，ETFE 膜材可采用特殊处理工艺和方法，例如改变 ETFE 膜材的颜色（图 4-1）或者在 ETFE 膜材上加设镀点（包括：大圆点、小圆点、六边形等）来适应不同透光率的需求。

ETFE 膜材的力学性能较特殊，从其应力-应变曲线（图 4-2）可以看出，伸长率比较大，是一种柔性材料。与 G 类和 P 类膜材相比，ETFE 膜材的强度相对较低，而且弹性范围比较小。在应力小于第一屈服应力之前，ETFE 膜材很不容易被拉伸变形，第一屈服应力对应的应变只有约 2%；而当应力超过第一屈服点后，ETFE 膜材的应变将迅速增大，并伴随塑性应变。第二屈服应力对应的应变达到 20%，而第二屈服应力比第一屈服应力仅增大约 50%。当应力超过第二屈服点以后，ETFE 膜材发生塑性流动，膜材几乎不能继续承载，断裂时应变可达 400%，应力约为第二屈服点应力的 2 倍。当采用 ETFE 膜材时一定要充分考虑其受力方面的这种特殊性。ETFE 膜材的张拉强度小于 P 类膜材，力学性能与 P 类膜材大不相同，一定不能将 ETFE 和 PTFE 以及 PVC 等膜材进行类比计算或者设计。

图 4-1 不同颜色的 ETFE 膜材料

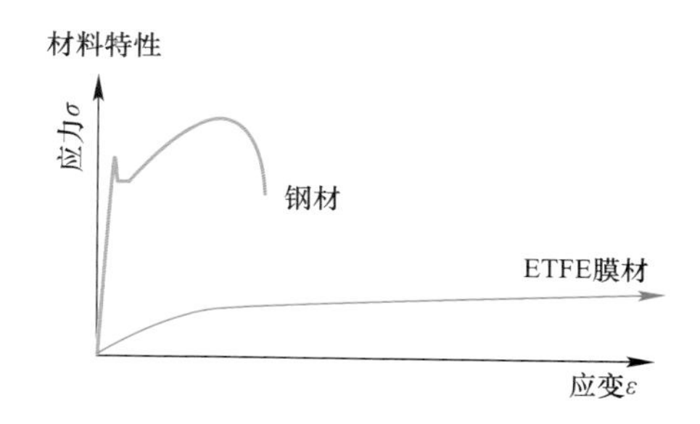

图 4-2 ETFE 膜材及钢材应力-应变曲线对比

4.1.2 ETFE 膜结构的常见排水方式

与常规的 PTFE、PVC 膜结构相比，ETFE 膜结构对于屋面排水的处理有特定要求。对于面积较大的 ETFE 膜结构屋面，需要针对排水进行专项设计。排水方式可采用有排水沟（图 4-3）和无排水沟（图 4-4）两种形式。在实际工程中，排水沟在后期的维护阶段还可以作为建筑结构检修的人员通道。

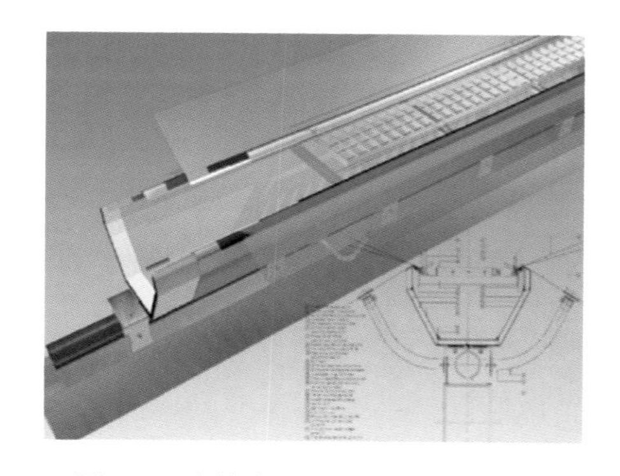

图 4-3 有排水沟的双层 ETFE 气枕

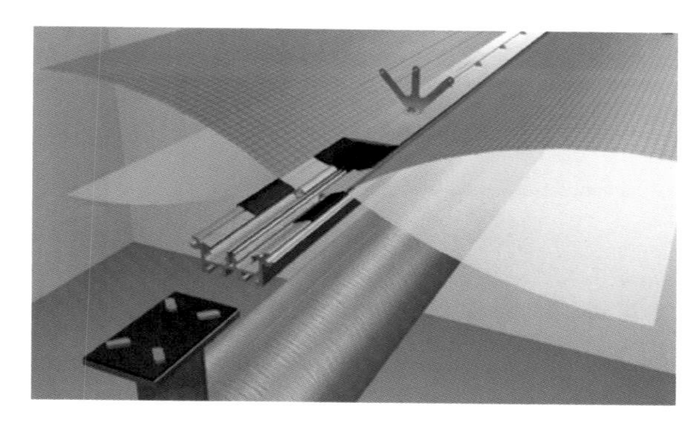

图 4-4 无排水沟的双层 ETFE 气枕

4.2 ETFE 膜结构工程案例

我国第一个成功的 ETFE 膜结构是国家游泳中心（水立方）（图 4-5），水立方是典型的 ETFE 气枕式膜结构。近些年来，随着国内外 ETFE 膜结构的技术进步和发展，也有很多优秀的单层 ETFE 膜结构工程出现，其建筑造型多变、形式丰富多彩。有较为复杂的结构形式（图 4-6），也有较为规整的屋面结构（图 4-7）。目前，能够同时满足结构安全性、建筑效果和使用功能的单层 ETFE 膜结构有很多，例如：火车站的坡屋顶（图 4-8）、购物中心上部的超大雨棚（图 4-9）、停车场立面（图 4-10）以及北京大兴国际机场出发层的雨棚（图 4-11）等。由于单层 ETFE 膜结构的外观干净、简洁，且透光性良好，近年被广泛应用于各类建筑。

图 4-5　国家游泳中心（水立方）

图 4-6　造型复杂的单层 ETFE 膜结构

图 4-7　单层 ETFE 膜结构屋顶

图 4-8　火车站坡屋顶

图 4-9　购物中心上部的超大雨棚

图4-10 停车场

图4-11 北京大兴国际机场出发层雨棚

4.2.1 ETFE气枕式膜结构工程案例

ETFE膜结构出现以来，ETFE气枕式膜结构用量最大。气枕的建筑造型为长条形（图4-12），长条形气枕式膜结构可以充分降低二次钢结构的用量，同时也可以节约膜结构自身龙骨的使用量，整体重量相对较小。长条形气枕式膜结构尤其适合对于荷载控制严格的后期加建和二次改建的项目。三角形的气枕结构（图4-13）是比较常见的分格形式，受到很多建筑师的喜爱；由于受到水立方的不规则多边形气枕结构的影响，不少建筑师设计气枕单元形式时不拘一格（图4-14）。也有项目采用难度较高的异形超大ETFE气枕结构（图4-15），这对深化设计和加工工艺都是严峻的考验。ETFE气枕式膜结构的造型多变，可以根据建筑设计师对于项目的建筑效果及整体建筑形态的不同要求进行规划设计，建筑师的创作空间大，同时对膜结构加工和安装技术提出了更高的要求。

图4-12 长条形气枕结构

图4-13 三角形气枕结构

图4-14 不规则多边形气枕结构

图4-15 超大异形气枕结构

4.2.2　ETFE 膜结构主体支承结构

ETFE 膜结构的主体结构支承形式有多种，常见的有钢结构刚架、张弦梁结构、空间网架结构、桁架结构、索结构以及木结构等（图 4-16～图 4-21）。

图 4-16　钢结构支承 ETFE 膜结构

图 4-17　张弦梁结构支承 ETFE 膜结构

图 4-18　空间网架支承 ETFE 膜结构

图 4-19　桁架结构支承 ETFE 膜结构

图 4-20　索结构支承 ETFE 膜结构

图 4-21　木结构支承 ETFE 膜结构

4.3　ETFE 膜结构工程安装的难点

优秀的 ETFE 膜结构项目外形多变、造型优美，具有良好建筑效果。然而，在 ETFE 膜结构制作和施工的过程中，如果缺乏工程经验、设计与施工处理不当，会产生各类问题，造成外观的缺陷或产生结构安全问题。

基于上述情况，笔者简要梳理了现阶段ETFE膜结构工程中存在的各类问题，从实践中汲取经验教训，以避免出现类似的问题，并探讨如何才能真正地做出优秀的ETFE膜结构作品。

4.3.1 褶皱问题

褶皱问题是ETFE膜结构施工过程中非常突出的问题。ETFE膜结构由于ETFE膜材料的透光性好，一旦出现褶皱现象，从建筑外观来看会非常明显。图4-22反映了两个出现褶皱问题的建筑，可能原因包括加工前未进行现场实测或测量误差较大、设计裁剪下料经验不足、安装不符合标准等，最终导致建筑外观出现大量明显的褶皱，严重地影响了建筑的外观效果。

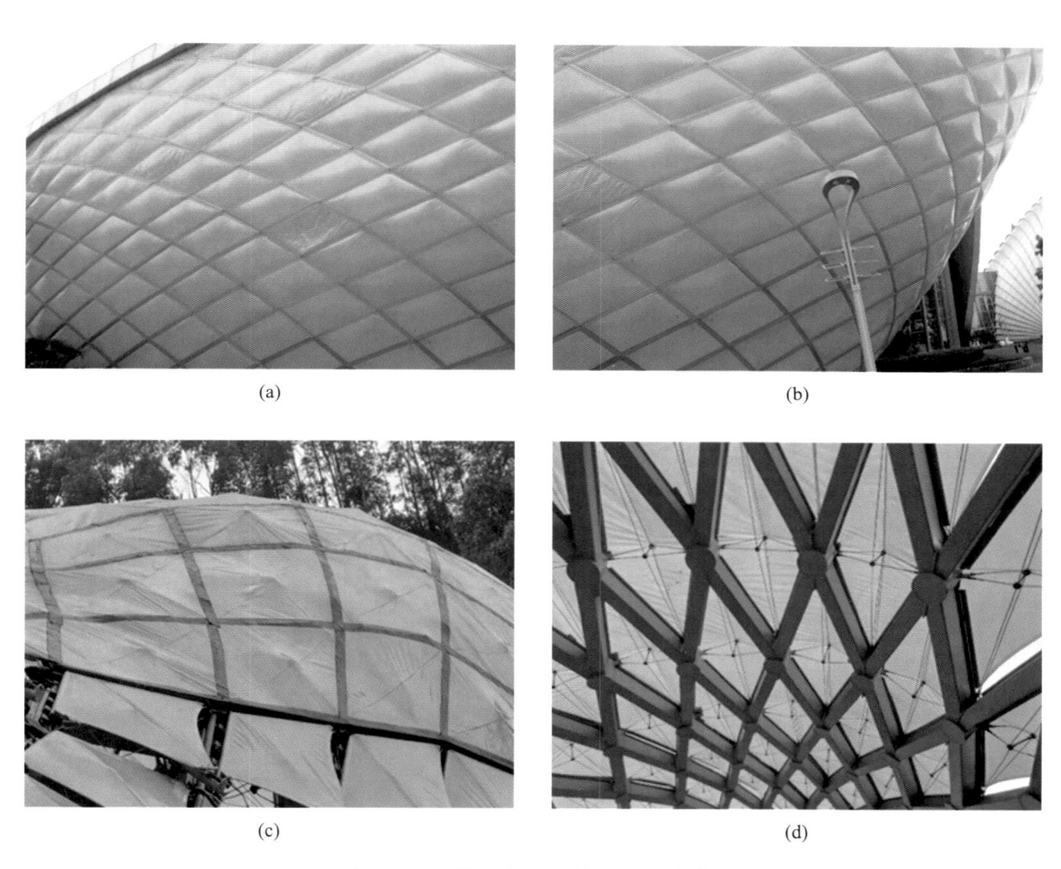

(a) (b) (c) (d)

图4-22 膜面出现褶皱现象的建筑

由于ETFE膜结构的设计和施工难度较大，所以不应仅仅因为ETFE膜材有许多优点，在条件不切实际的情况勉强使用ETFE膜材，从而发生类似于图4-23所示的情况，导致膜面出现大面积的褶皱。建筑造型的复杂性以及对于边界处理不当造成的，缺乏对建筑形态的深入分析和深化设计，同时节点设计也欠妥。

图 4-23 边界处理不当，膜面出现大面积褶皱

4.3.2 关注适用性

图 4-24(a) 所示是该项目建筑师期望的建筑效果，公交车站的雨棚采用 ETFE 气枕形式，寓意漂浮在空中的云。然而在项目实施过程中，为了节约成本采用单层 ETFE 膜来模拟造型。结果完全没有达到预期的效果，项目因此成为 ETFE 膜结构行业永久的痛。在完工后不久，其结构上部的单层膜就很快不见了，建筑师的创意也就无从谈起了（图 4-24b）。因此，在工程项目方案选择时，一定要实事求是，尊重膜结构、尊重技术。

(a) 建筑效果图

(b) 工程实际

图 4-24 形式选择不当的 ETFE 膜结构

图 4-25 中展示了一个单层 ETFE 膜结构项目，项目从设计到施工的许多方面都存在严重的问题。图中红线框标示出的部分的膜材已经损毁。由于设计环节当，导致其膜面虽加强处理，但是膜材的抗风强度依旧不能满足要求，在常规风荷载作用下就已经发生严重

破损，加上膜面边界固定也存在一定的缺陷，最终导致该结构在正常使用条件下的膜单元损毁，严重影响了建筑的外观效果和使用功能。

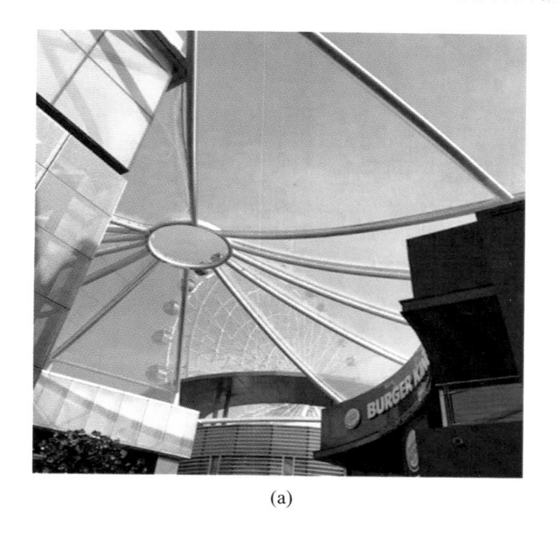

(a)

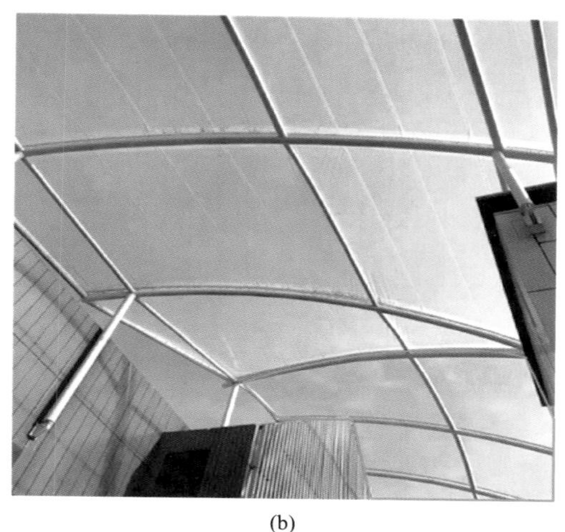

(b)

图 4-25　设计不当的 ETFE 膜结构

4.3.3　注重深化设计和精细化施工

图 4-26 的案例反映了结构膜材设计不当及裁剪尺寸误差带来的不利影响。出现问题的原因在于该项目的设计和 ETFE 膜的剪裁过程中，缺乏可靠的尺寸信息作为依据。同时，该项目将一块很大的膜单体送到现场进行张拉安装，在张拉到目测效果可以接受时，便将膜的边缘随心所欲地进行固定，从而“完成”膜材的安装任务。该类处理方法与 ETFE 膜结构的设计和施工要求背道而驰。若不对膜材进行强度计算，将导致膜材的承载力严重不足，也许在完工不久将因一场小雨把膜面压塌。

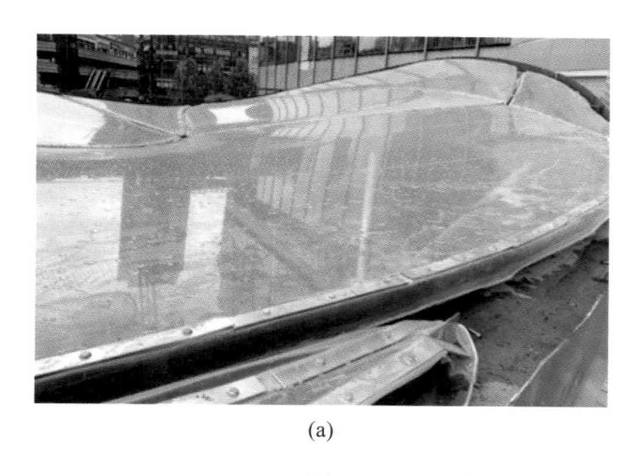

(a)

(b)

图 4-26　设计不当及裁剪尺寸误差过大、施工不规范

图 4-27 反映的项目工程质量问题，主要在于节点设计不合理（图 4-27a），造成采光顶出现严重积水和漏水现象。同时由于整体造型设计不合理，导致拉索无法与膜材料共同工作，从而造成项目存在巨大的安全隐患。对于 ETFE 膜结构而言，膜单元的加工目前主

要是在工厂里完成，施工现场很难进行膜材的二次加工，工厂预加工成型的 ETFE 膜单元如果需要进行现场的补救和修复，现场无法保证质量。为了解决 ETFE 采光顶的漏水问题，业主极其无奈地决定在这个采光顶的上面又加盖了一个 PTFE 的防雨棚（图 4-27b）。最后由于感觉这样的建筑效果确实难以接受，无奈之下又将后期加盖的 PTFE 防雨棚拆除。最后为了解决漏水的问题，只好在原来的 ETFE 采光顶上铺设了一层防水布（图 4-27c）。

(a) ETFE膜面撕裂

(b) 采光顶上加设PTFE防雨棚

(c) 铺设防水布

图 4-27　拆除二次增加的 PTFE 防雨棚

4.3.4　ETFE 气枕内部积水问题

图 4-28 展示的是 ETFE 气枕内部的积水问题。气枕内部积水不仅影响建筑的外观效果，而且如果积水无法排出，其作为一种附加荷载，最大可达数吨重的水，可能严重危及主体钢结构的安全。

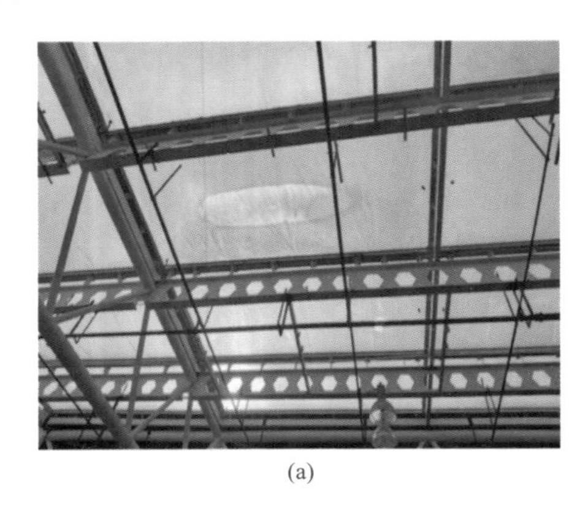

(a)

(b)

图 4-28　ETFE 气枕内部积水

4.3.5 膜面积灰和漏水问题

在某些单层的ETFE膜结构和较为平缓的ETFE气枕结构中，都经常存在积灰和漏水的问题。为了满足膜面承载力的要求，对于单层的ETFE膜结构项目，通常会在膜面的下方加设钢索（图4-29），索放置于索袋中。在建筑使用一段时间后，索袋中会有较多的积灰，但是目前并没有好的办法对积灰进行清理，导致长期使用后的建筑效果十分不理想。

图4-29 加设钢索的单层ETFE结构，在索袋中产生积灰

图4-30所示的膜结构防水设计更加不合理，该做法将ETFE膜材料固定在了钢结构上面，实际工程不仅外观效果极差，而且在使用过程中存在严重的漏水现象。

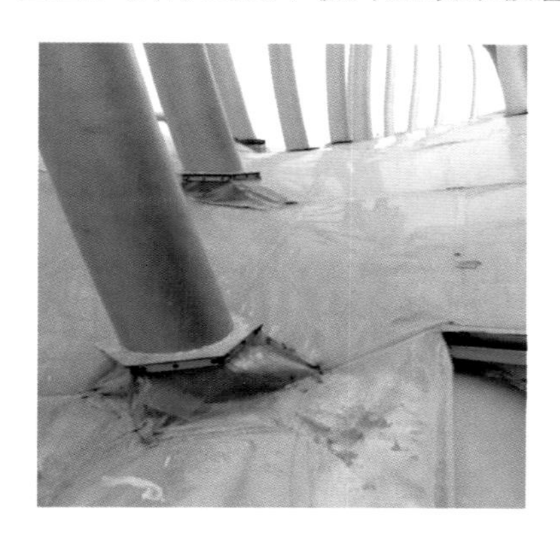

图4-30 防水设计不当，严重影响外观视觉效果及整体的防水效果

4.4 ETFE膜结构工程存在的问题和安装关键技术

ETFE膜结构工程出现的上述问题，根源主要为以下4点：

（1）节点设计不合理；

（2）密封胶使用不妥当；

（3）不重视ETFE膜结构的深化设计，未严格把控生产工艺；

（4）ETFE膜结构的施工安装不规范，质量控制缺失。

4.4.1　节点设计不合理

某 ETFE 膜结构采用了图 4-31 所示的连接方式。为了适应和吸收主体结构的误差，这个节点设计将上部的 ETFE 气枕和铝合金型材与下面的主体结构通过几个螺栓进行连接。从构件的受力分析可以明显看出，该连接方式中的螺杆在一定的荷载状态下，实际上承受的是剪切力。这种承力方式实际上根本不符合规范的要求，存在安全隐患，极易发生螺杆被剪切力破坏，进而导致连接构件的失效。因此，在连接节点的设计中，基于节点的受力特征进行构造设计和强度验算，避免类似现象的发生。

图 4-31　节点螺杆受力不合理

图 4-32 中的单层 ETFE 膜结构的几何形状比较复杂，是个典型的双曲面，设计中考虑了膜的受力特性，添加钢索共同受力。但是由于节点的设计不合理，实际完工的索和索袋并不匹配，无法协同工作，导致索和膜不能够共同受力，最终造成膜边缘被撕裂。在进行类似的单层 ETFE 膜结构项目的设计过程中，一定要综合考虑设计、施工和构件的实际工作状态。

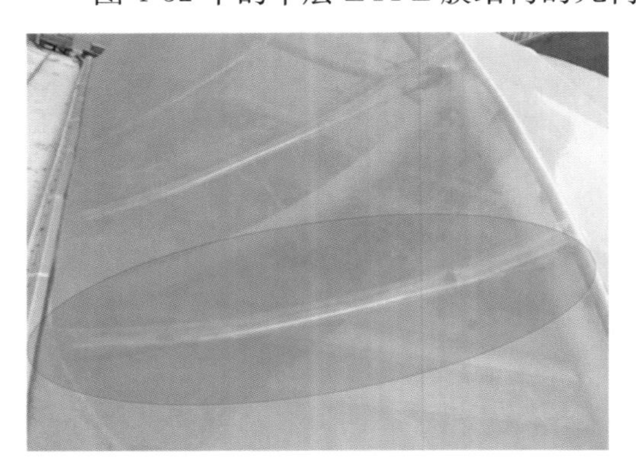

图 4-32　索膜无法共同受力

对于单层 ETFE 膜结构和 ETFE 气枕结构，膜边缘钢构件连接节点设计不合理，将导致连接处平整度不足和漏水问题（图 4-33）。一些项目为解决漏水的问题在节点处打胶，或者是为解决膜与节点不匹配的问题而强行张拉，类似的做法均欠妥。此外，还有一些节点的设计不合理、测量数据不准确、安装质量严重不合格（图 4-34）。

4.4.2　密封胶使用不合理

在 ETFE 膜结构的施工中，经常把密封胶当作“秘密武器”来使用。一旦遇到结构漏水的情况就不顾一切地进行打胶。原本密封胶的存在与应用是一种正常的现象，但是如何规范化地使用密封胶，要注意使用条件。

如图 4-35 所示，型材对接处有缝隙，施工中所采用的方法是借用打胶来“连接和堵住”缝隙，但要注意对接位置应错缝搭接。对于型材的对接，建议采用焊接或者搭接密封的形式（图 4-36）。

(a) (b)

(c) (d)

图 4-33　节点平整度不够、漏水问题严重

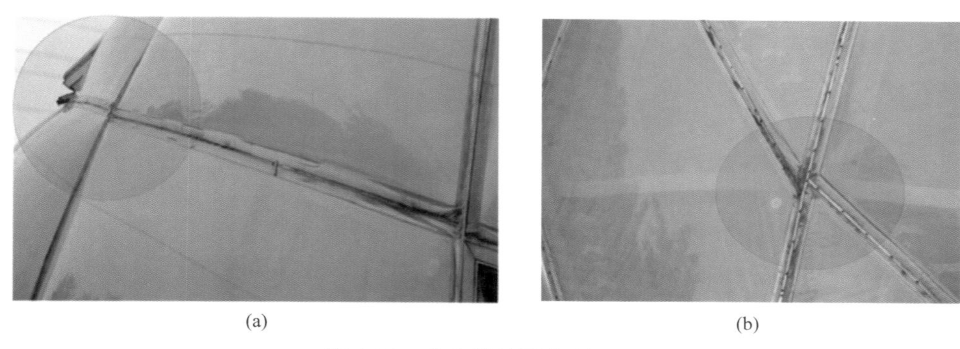

(a) (b)

图 4-34　节点设计不合理（一）

(c)

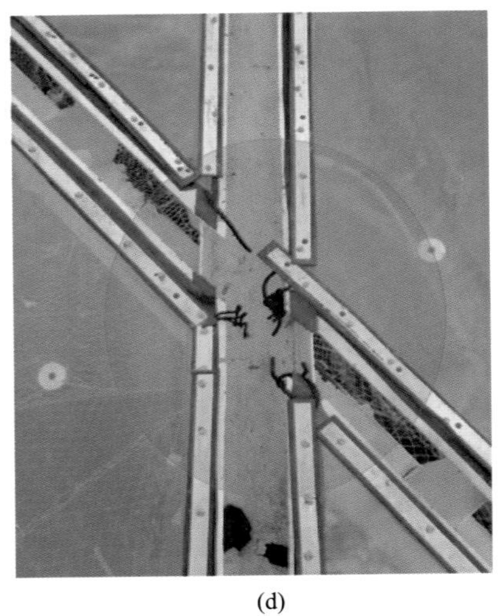

(d)

图 4-34　节点设计不合理（二）

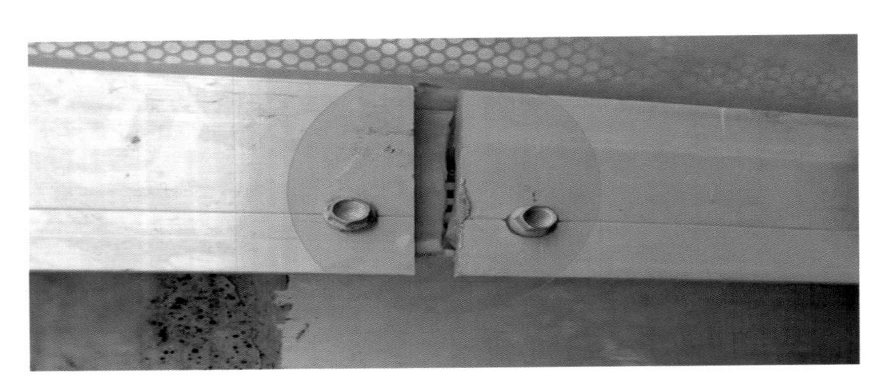

图 4-35　使用密封胶填充型材连接缝隙

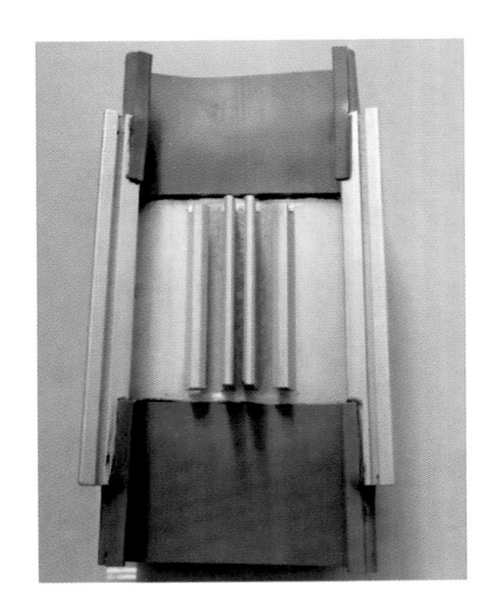

图 4-36　正确的型材对接形式

密封胶的不当使用也会严重影响膜结构建筑的外观(图 4-37)。此外，如果必须要使用密封胶防水，也一定要注意密封胶要在有效期内使用，并在使用前进行与其接触材料的相容性和剥离粘结性检测。当结构的表面有其他的处理时，表面应打磨干净。

4.4.3　重视 ETFE 膜结构的深化设计，严格把控膜单元制作工艺

ETFE 膜结构的加工主要遵循以下流程进行：

(1) 膜材均匀度及透光率检测；

(2) 加工尺寸精度控制：ETFE 剪裁设备精度要求高于 PTFE 和 PVC 膜材，如果能使用数控剪裁，则尽可能避免手工剪裁；

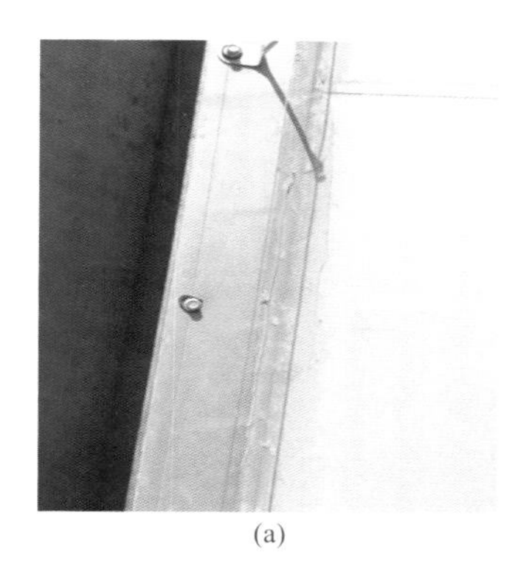
(a)

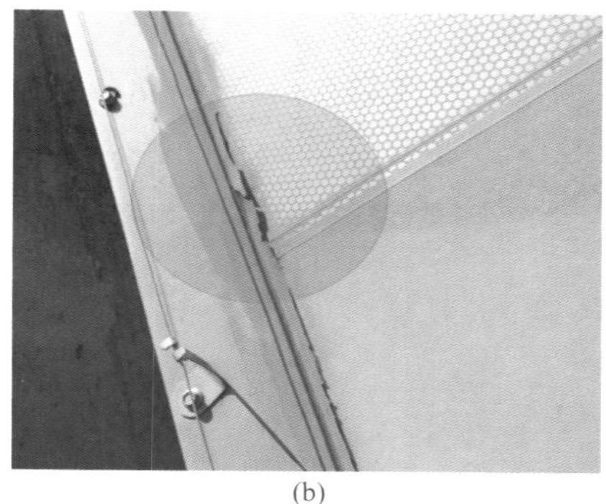
(b)

图 4-37 密封胶使用不当

(3) 热合温度控制：热合机预热、环境温度、膜材层数与厚度；

(4) 热合缝强度拉伸测试；

(5) 成品出厂前自检。

1. 找形设计与剪裁设计

由于 ETFE 膜结构的造型一般较为复杂，一个良好的找形对于 ETFE 膜单元的加工制作的质量保证尤为重要。如果找形设计存在缺陷，对后续的排版和剪裁下料将会有很大的影响。图 4-38 和图 4-39 分别为 ETFE 膜结构找形设计与剪裁设计示意。

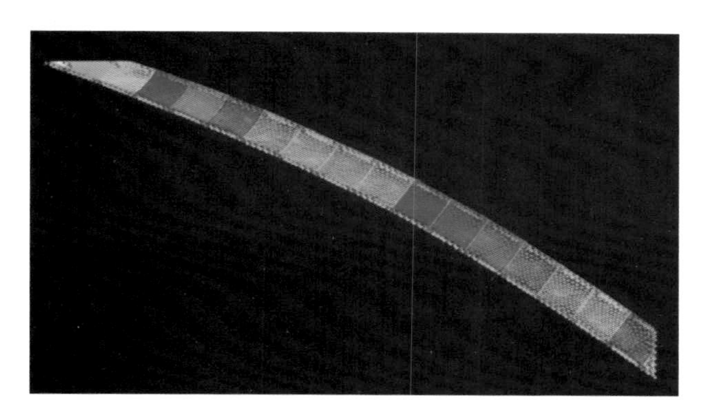

图 4-38 ETFE 膜结构找形设计

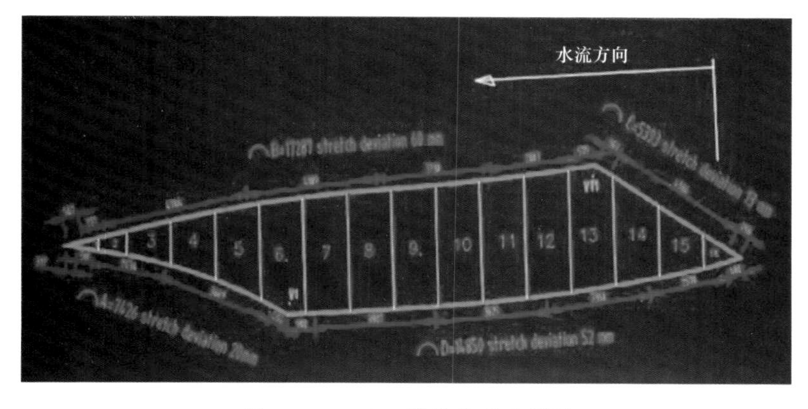

图 4-39 ETFE 膜结构剪裁设计

2. 材料质量检测

虽然目前普遍认为 ETFE 材料已经比较均匀，质量的偏差不大。但是，根据近几年的工程实践经验，不同厂家、不同批次的材料的离散性较前几年有所增加，所以，一定要重视原材料的测试（图 4-40），且材料的检测文件应存档备案（图 4-41）。

图 4-40　ETFE 膜样品检测

(a) 文件存档

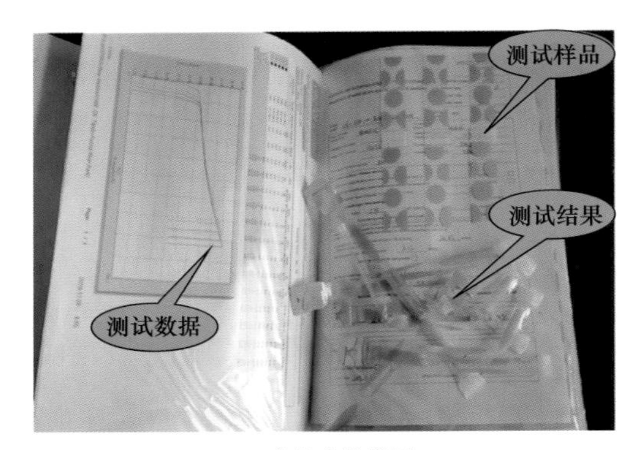

(b) 文件实物样例

图 4-41　检测文件存档备案

3. 膜材加工工艺

ETFE 膜材加工工艺过程为膜材的展开、剪裁、热合、焊接以及加工质检五个步骤，见图 4-42。

膜材展开

膜材裁剪

膜材热合

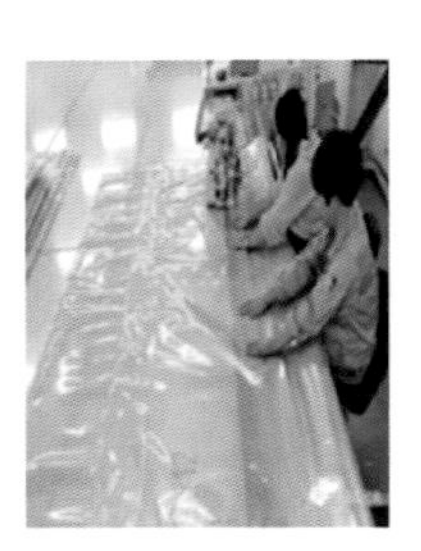

膜材焊接

膜材加工质检

图 4-42　膜材加工工艺过程

4. 索袋和常规热合缝

ETFE 膜常见的热合缝如图 4-43 所示，包括边膜的处理、膜材拼接以及加强索裤套的处理。

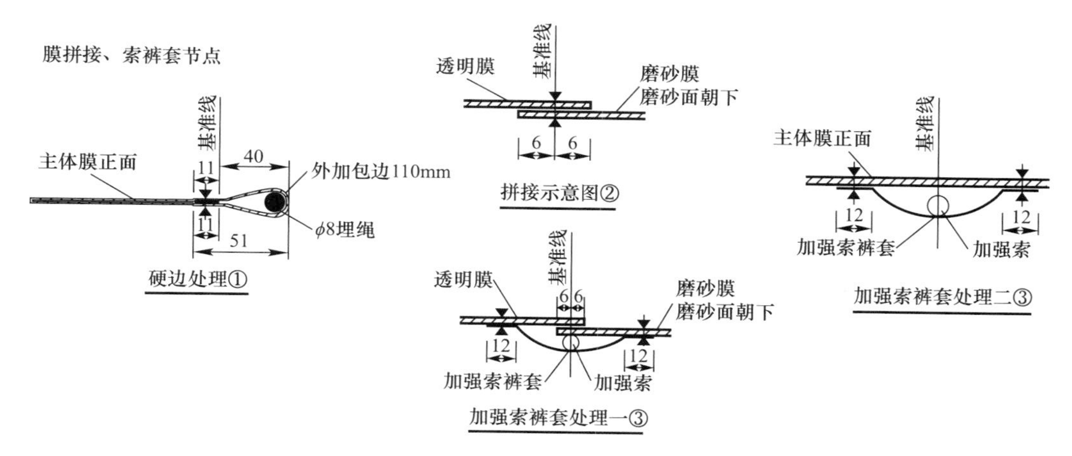

图 4-43 ETFE 热合缝示意图

在进行 ETFE 膜材连接时要将设备调试好，热合温度要准确，避免出现热合工艺方面的缺陷（图 4-44），比如热合缝宽度不均匀、焊接断续、搭接、热合缝补丁。合格的热合缝如图 4-45 所示。

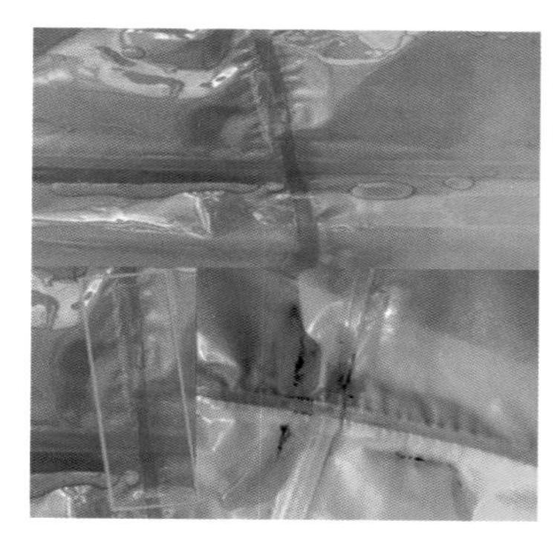

图 4-44 有缺陷的热合缝

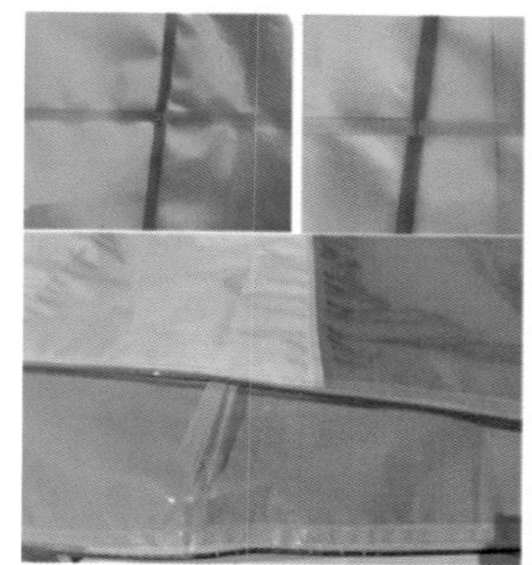

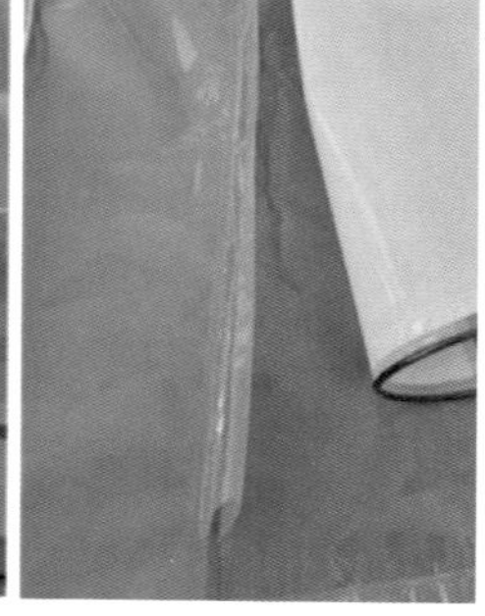

图 4-45 合格的热合缝

5. 样板测试

无论设计方案和加工工艺有多完美，在进行大面积安装之前应制作样件，进行样板测试（图 4-46），测试设计和加工方案是否有缺陷并进行改进。

4.4.4 规范施工、控制质量

ETFE 膜结构的安装流程如图 4-47 所示，其中现场尺寸实地校核非常关键。在现有施工条件下，项目钢结构的安装精度均存在一定的偏差，基本无法根据理论数值直接使用，因此现场实测数据非常重要。

对于气枕结构而言，充气管道的选择也非常重要，由于其长期暴露于阳光之下，对抗老化性能要求很高。同时，还需要重视管道的气密性测试，防止由于管道漏气造成气枕内气压无法达到设计值。对于单层 ETFE 膜结构，张拉时需进行张拉顺序的设计。

图 4-46　样板测试

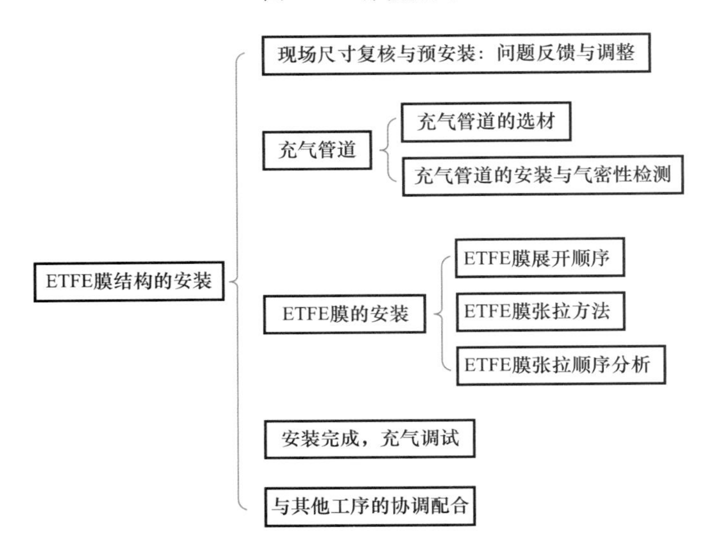

图 4-47　ETFE 膜结构安装顺序

1. 安全措施

现场安装安全是第一位，由于 ETFE 膜的安装位置较为特别，现场的安全网的搭设（图 4-48a）和安全装备（图 4-48b）一定要高度重视，严格监督执行安全规定的各项要求。

(a) 安全网　　(b) 安全装备

图 4-48　施工现场安全保障措施

2. 正确的铝合金型材的下料加工与安装

铝合金型材选择与加工是除了膜材加工质量之外最重要的环节。铝型材交接节点是防水最薄弱的地方，通过对接打胶的做法只能起到暂时的防水作用，对于长期使用的项目，交接节点通过焊接处理才是永久、牢固的方案。建议进行图 4-49 的加工流程。

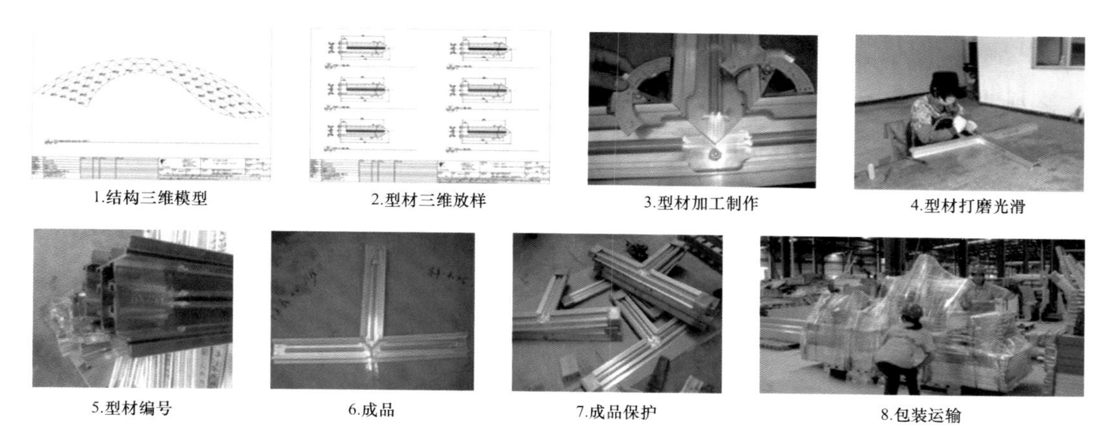

图 4-49 铝合金型材加工流程

型材的安装要到位，其安装顺序为从交接点部位开始安装，向周边进行辐射，对接点处的防水要规范，具体安装顺序见图 4-50。

1.复核T形转接件的尺寸

2.铝合金型材交接节点安装

3.铝合金型材对接节点安装

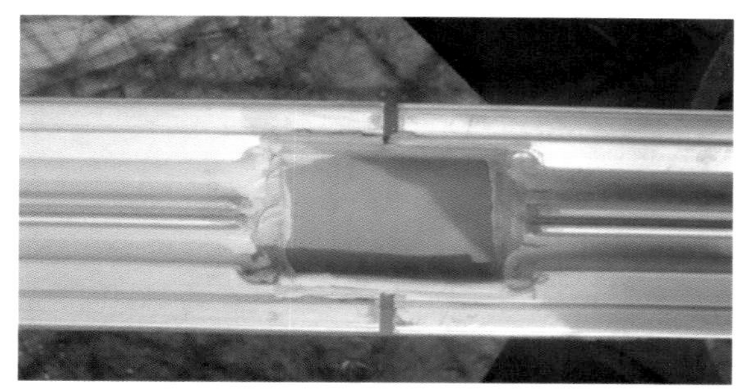

4.铝合金型材对接节点防水密封处理

5.安装密封胶条，准备安装ETFE气枕

图 4-50 铝合金型材安装顺序

3. 不合格的加工和安装

部分工程的铝合金型材下料不规范，安装不合格，严重影响建筑美观性，尤其是整体防水性能（图 4-51），应避免此类现象的发生。存在的质量问题可概括为铝合金型材端部未打磨光滑、断面锋利，这将对膜结构的安全造成隐患。

(a)

(b)

图 4-51　铝合金型材下料及安装不规范

4. ETFE 气枕膜结构的安装程序

ETFE 膜的安装程序主要为：

（1）膜的展开（图 4-52），需注意展开时膜材不发生破损；

（2）设计膜材安装顺序，需要兼顾张拉平整和膜材不被拉坏（图 4-53），尤其需要注意锐角三角形等特殊形状的膜材；

（3）对于气枕结构应选择合适的充气系统的位置（图 4-54），避免由于充气泵的失效使气枕结构失效。

充气系统要有稳定的工作台、良好的周围环境和管道连接处的安全可靠及气密性良好。

图 4-52　ETFE 膜材的展开

图 4-53　ETFE 膜的张拉

5. 单层 ETFE 膜结构的张拉

单层 ETFE 膜结构应关注张拉工艺，有些工程在 ETFE 膜材的张拉中会出现不合理的张拉，图 4-55 所示的膜的张拉其热合缝并没有压在边部的型材里。在气枕加压的过程中，由于压力增大热合缝有可能会撕开，从而导致结构漏水。膜材的张拉一定要科学、合理，注意精细化施工，避免出现类似的问题。

图 4-54 充气系统

图 4-55 热合缝外漏

6. 积水问题

膜面的积水问题需要得到高度重视，如果结构发生积水，无论结构是否能够承担其附加的荷载，对于 ETFE 膜材来说其可能会由于积水而发生破坏，造成很严重的后果（图 4-56）。

图 4-56 由于积水问题导致膜面破坏

7. 积雪问题

随着 ETFE 结构在各地的广泛应用，在北方地区，雪荷载（图 4-57）是 ETFE 膜结构必须要慎重考虑的问题。如何排雪使其不会堆积在建筑屋顶，增加电热丝并不一定能解决 ETFE 膜结构大面积积雪的问题，只能在排水沟里边局部解决问题，需要有合理构造措施和应急预案，在方案设计阶段就提前考虑积、排雪问题。

8. 消防问题

现有工程项目，ETFE 膜结构经常会遇到很苛刻的消防要求，比如排烟的问题。如果为达到消防排烟的标准而在 ETFE 屋顶假设很多的排烟窗，对于业主和建筑师来讲是不容易接受的。原因有二，一方面会增加造价，另一方面也影响建筑的整体效果。所以目前为解决消防排烟问题，ETFE 膜结构通常是同时采用消防联动排烟窗和 Texlon 熔断系统（图 4-58），当火灾发生，消防系统启动，会发送信号给气枕熔断控制系统，当接收到火灾或烟雾报警时，熔断系统会自动运行，熔断控制系统随即发送信号给对应气枕的电热丝，电热丝通电加热，熔断ETFE边界，气枕边界除一端外，其余边界将会自动熔断，在自重作用下，形成排烟通道，从而达到排烟的目的。

图4-57 ETFE膜结构积雪问题

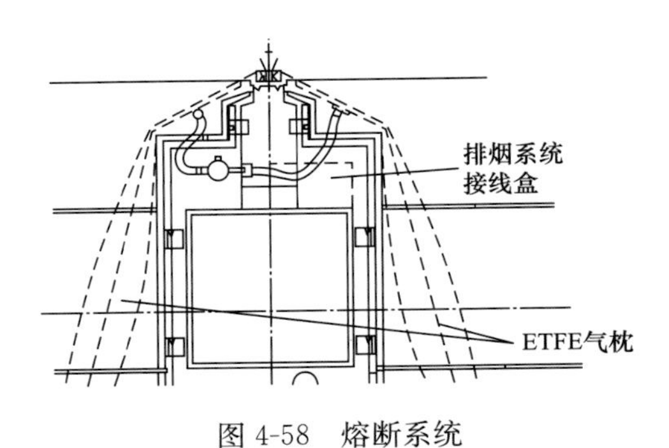

图4-58 熔断系统

第 5 章　气承式膜结构安装

5.1　概述

5.1.1　气承式膜结构的特点

气承式膜结构的膜面本身不形成封闭曲面，其周边固定于刚性边界或基础，密闭空间由膜面、四周封闭边界与室内地面形成。

气承式膜结构由空气支承，无需增加额外的刚性支撑，对跨度大、地质条件差的情况更具价格优势；对地基承载力无特殊要求，可节省对地基基础处理的费用。由于无需内部支撑，可创造出无遮挡的大跨度空间，可有效利用建筑的使用面积。

此外，除基础外，膜和设备等均为工厂加工、现场装配，拆卸简单，无损耗，可重复使用。采用双层膜的气承式膜结构，内外膜间设保温层，且气密性好，气体流失量少，可减少建筑的热量损失；防雾霾，温度、湿度可调，可实现增氧功能。

依靠内外气压差来支撑整个建筑，内部没有受弯、受扭和受压的构件，在抗风、抗震等方面具有优势，具有很好的安全性。

膜结构具有良好的透光性，可自然采光。图 5-1 为气承式膜结构煤棚，采用单层膜，其顶部使用了透光膜，可实现天然采光，白天内部作业基本不需要有灯光。

图 5-1　自采光气承式膜结构煤棚

5.1.2　气承式膜结构的构成

目前气承式膜结构应用最广泛的领域为全民健身场馆和工业环保（煤棚、料场）封闭，功能不同，其构造也有所不同。

气承式膜结构主要包括：基础、膜面、索网、机械设备、照明系统、进出门系统、控制系统等（图 5-2）。

基础锚固系统主要指膜单元连接的受力边界，有钢筋混凝土条形基础、钢筋混凝土墙体、钢结构基础或墙体。气承式膜结构的基础锚固系统一般采用三种方式：（1）预埋铝槽；（2）预埋锚栓；（3）预埋型钢。

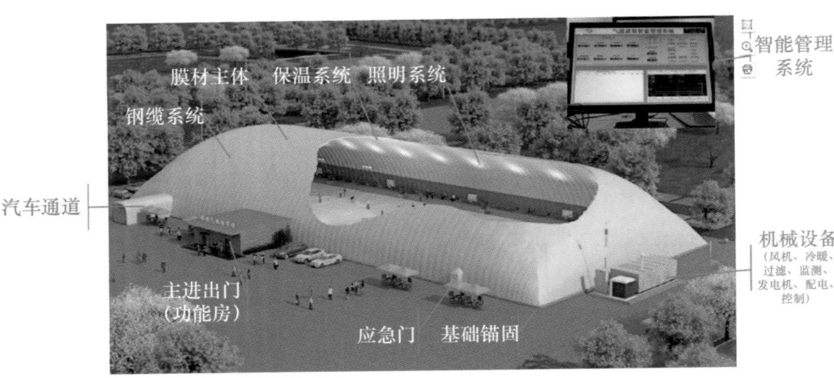

图 5-2　气承式膜结构示意（体育场馆）

膜面根据建筑功能的不同，可采用单层或双层（内膜、外膜）。对于双层膜，内外膜之间可铺设保温材料。对于大型项目，因为加工场地和运输条件限制，单元不能做得太大，需按多个单元在工厂加工制作。膜单元到现场进行拼接（图 5-3），一般采用夹板连接，并在其外侧粘结防雨膜。

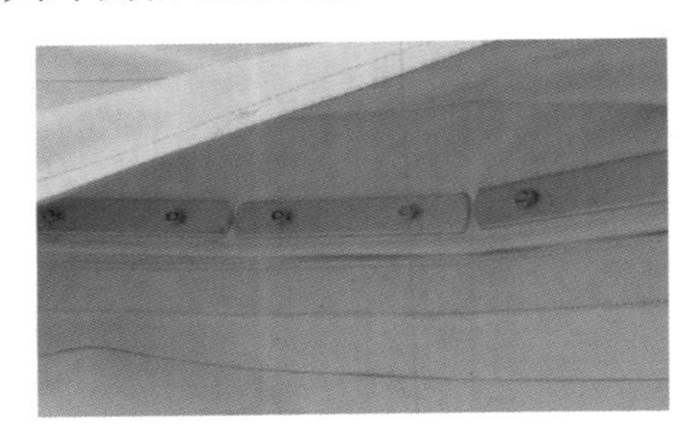
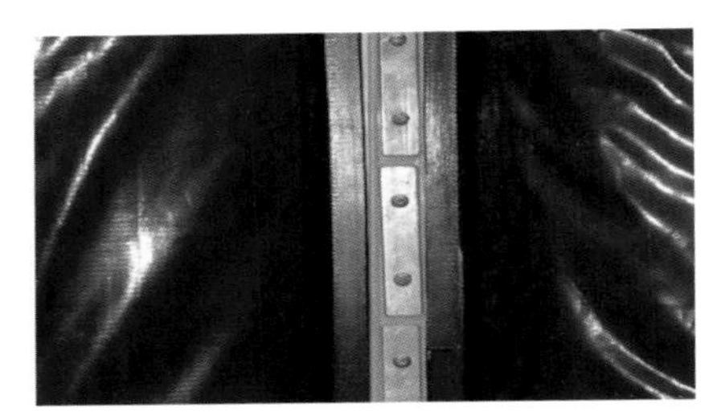

图 5-3　膜单元拼接

气承式膜结构多采用 P 类膜材，常用的外膜的抗拉强度 4000～9000N/5cm，内膜抗拉强度 3000N/5cm，外膜克重一般为 1000～1500g/m^2，内膜克重为 650g/m^2。膜材耐火等级为 B1，适用温度范围－40～70℃。当采用双层膜时，内、外膜在工厂加工时热合在一起，形成了空腔，每个空腔之间穿保温材料。

当气承式膜结构跨度或其建设地点的基本风压较大时，需要设索网。索网一般采用 PE 高强度低松弛钢绞线或钢芯钢丝绳，抗拉强度有 1570MPa、1720MPa、1770MPa、1860MPa、1960MPa 等。索头锚具形式根据连接构造确定，一般都是压制索头。索网多采用纵横向或交叉方式布置（图 5-4），拉索的交叉节点可通过索夹或索盘进行连接。

索网的拉索需要与结构支承面连接，常用的连接形式有：滑动式、销轴式和耳板式（拉环）式等（图 5-5）。

充气控制系统是气承式膜结构的关键系统，主要包括风机、发电机、配电控制、压力传感器、风压自动控制装置等。

民用气承式膜结构建筑的机械单元设备由配电柜、设备控制柜、主备用风机、传感器、新风过滤、发电机、空调机组模块等组成，主备用风机、冷暖功能段、过滤功能段都在一个箱体内。

工业气承式膜结构建筑的机械单元设备由配电柜、设备控制柜、传感器、风机、发电机组等组成。

出入门包含应急逃生门、旋转门、气闭室门、车辆通道门（图 5-6）。在气承式膜结构

(a) 纵横向索网

(b) 斜向交叉索网

图 5-4 索网布置

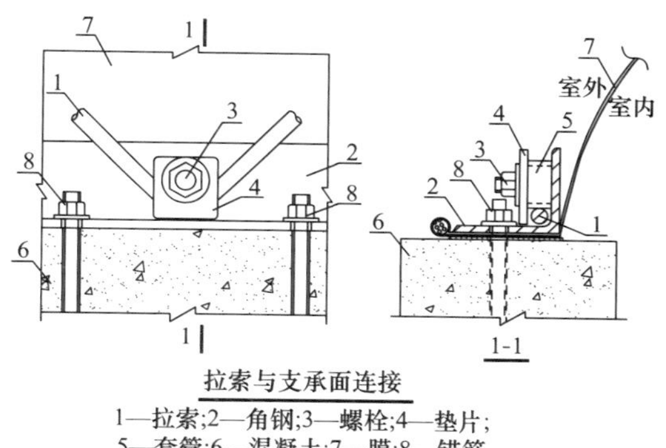

(a) 滑动式

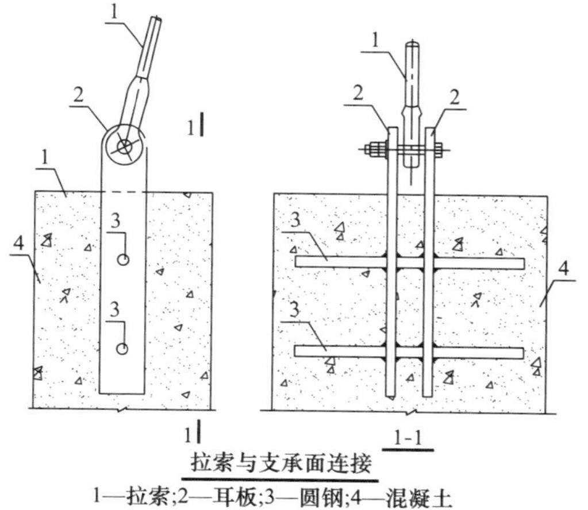

(b) 销轴式

图 5-5 拉索与支承面的连接（一）

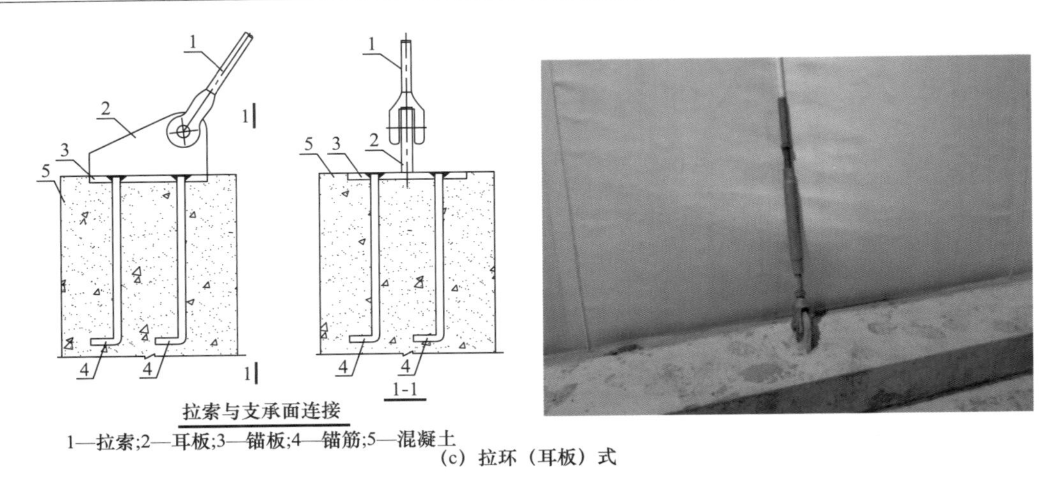

(c) 拉环（耳板）式

图 5-5　拉索与支承面的连接（二）

(a) 应急逃生门

(b) 车辆进出门

(c) 旋转门

(d) 气闭室门

图 5-6　进出门系统

中设置消防用应急逃生门，平时不开启，否则因开合会造成大量的气体泄漏，增加能耗，影响结构安全。

车辆进出门一般用于工业气承式膜结构，部分民用气承式膜结构也有使用。由两扇卷帘门和一个气闭室组成，一般设置雷达或红外线等装置，实现自动开合。

在民用气承式膜结构中，旋转门使用得比较多，其自身的气密性比较好。

气闭室门由 2 扇平开门和气闭室组成，可通过内、外门的切换来开关，实现进出气承式膜结构。

气承式膜结构建筑功能不同，智能控制系统也有所差异。场馆类气承式膜结构需监测风机运行状态、室内外压差、风速、室内的温湿度及二氧化碳含量等。煤棚等工业类料场封闭气承式膜结构一般监控风机运行状态、室内外压差、风速、室内有毒气体及易燃易爆气体含量等。智能控制系统实现远程操作、消防联动。

5.1.3 应用领域

随着全民健身体育运动场馆建设需求的快速增长和国家环保政策调整，进一步推动了气承式膜结构的应用，如今已进入了快速发展阶段，体育和工业类气承式膜结构项目建造的数量、规模、跨度均在逐年递增。目前已建成的最大跨度气承式膜结构为京能集团内蒙古岱海电厂的煤棚，其跨度为 200m（图 5-7）。

图 5-7 内蒙古岱海电厂气承式膜结构煤棚（跨度 200m）

气承式膜结构所提供的大空间及其良好的经济性，具有显著的优势，现已应用于工业、民用、军事等许多领域，具有广阔的应用前景。

1. 体育场馆

体育中心、健身中心、网羽毛球馆、游泳馆、滑雪馆、滑冰馆等。

2. 文旅商业

剧场、剧院、文化中心、娱乐中心、游乐园、遗址保护等；

会展中心、博览中心、展览馆、博物馆等；

购物中心、贸易中心、售楼处等。

3. 工业环保

料场封闭、储煤棚、污染土覆盖、废气废水覆盖等。

4. 农业生态

农业生态园、植物园、农业大棚、大型温室等。

5. 军事

野战医院、应急指挥所、飞艇、移动飞机库、雷达防护罩等。

6. 应急救灾

临时避难所、指挥中心、临时救灾医院等。

5.2　安装

5.2.1　安装流程

气承式膜结构安装流程如下：

（1）安装前准备；

（2）应急门和人员、车辆进出门的安装；

（3）机电设备安装；

（4）膜单元铺装、拼接；

（5）索网的安装；

（6）充气；

（7）调试；

（8）培训；

（9）验收、移交。

图 5-8 给出了气承式膜结构主要安装工序和流程图。

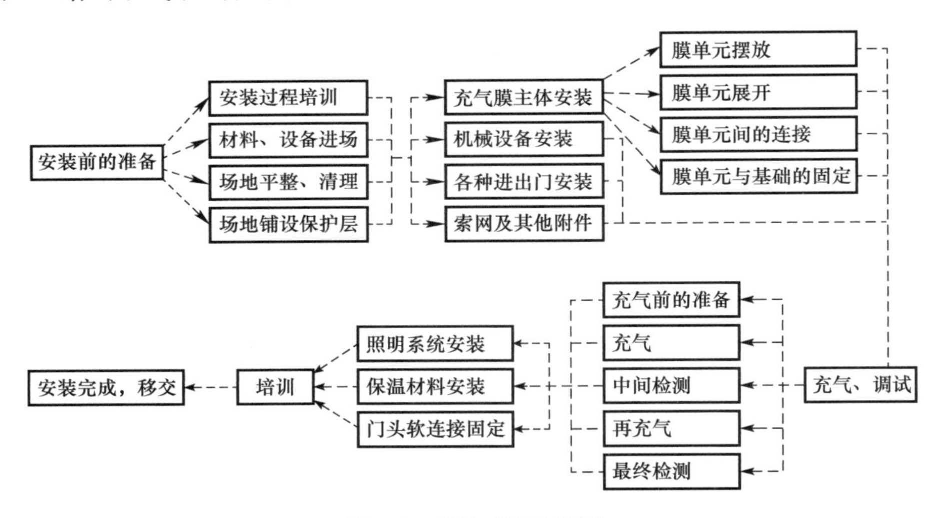

图 5-8　安装工序和流程

5.2.2　安装前准备

（1）基于项目特点，制定合理的安装方案，并按项目管理流程，完成施工组织设计审批。安装方案需明确安装方法、各膜单元的摆放位置及展开方向。对于煤棚、料场封闭建筑，当膜单元需要跨越斗轮机时，吊车数量与布设位置、吊点数量与位置、临时固定措施等均需要在安装方案中明确。

（2）进场前条件确认。

（3）安装工人培训。

（4）配电柜、机械单元、发电机等设备进场。

（5）各种门进场。

（6）索网进场。

（7）根据安装方案确定的打包方式进行膜单元打包，并运输至现场。

（8）膜单元分缝处的位置等关键尺寸做好标记。

其中，进场前条件确认工作尤为重要，对于保证安装工作的顺利推进具有重要意义，在条件成熟时进场，可提高安装效率和有效控制工程成本。进场前条件确认的主要内容有：

1. 土建

（1）地梁、墙体、设备基础等土建工程施工完成，并达到养护要求，预埋件施工完成，室内地面应保持平整、无建筑垃圾；

（2）室内送、回风风道全部完工并清理干净，并达到保温、防水、气密等要求；

（3）进出门结构、门洞、地面、玻璃窗等土建工程应全部完工并达到养护要求；

（4）设备平台处给水管安装到位，并达到供水条件。

2. 电气

（1）室外主动力电缆已预埋到主配电柜内，并具备使用供电连接条件；

（2）室外主配电柜至机械单元设备和空调的电缆、通信线等预埋管安装就位；

（3）智能控制系统电脑位置至设备平台处，室外主配电柜通信线预埋管及线缆安装到位；

（4）应急门及人员、车辆进出门处，主控制箱及各用电点供电电缆，应引入指定位置并具备使用条件。

3. 现场道路、场地、吊装条件

（1）道路应满足起吊设备、构件、材料和设备运输的需求；

（2）场地应平整、干燥，铺设膜面的区域应做好相应的防火措施；

（3）在加上起吊设备的区域，应确保地面和支撑点的承载力满足起重要求。

图 5-9 给出了安装前场地准备相关工序示意，图 5-10 为安装前风道清理准备示意。

图 5-9　安装前场地准备图（一）

图5-9　安装前场地准备图（二）

图5-10　风道清理准备

5.2.3 应急门和通道门的安装

1. 应急门的安装（图 5-11）

（1）首先将应急门安放到施工图纸要求的位置上，并进行锚固，应确保应急门的水平度和垂直度；

（2）在门板能正常开启的状态下，将应急门门体与混凝土底板之间进行固定；

（3）将门体外侧的钢斜撑分别与门体的框架和外伸的混凝土筏板连接固定；

（4）应急门固定后，将应急门框架下部及两侧与结构筏板、基础梁之间的缝隙进行密闭处理。

图 5-11　应急门的安装

2. 人员进出门的安装（图 5-12）

（1）人员进出门可采用平开门或旋转门，一般安装在混凝土门洞或钢结构、集装箱门洞内；

（2）安装前需对门洞进行尺寸、水平度及垂直度的校核；

（3）安装后需对门体边缘处缝隙进行密封处理。

图 5-12　人员进出门的安装

3. 车辆通道门的安装（图 5-13）

（1）车辆进出通道相当于气密室，通道两端安装车辆进出门；

（2）通道一般采用混凝土或钢结构的结构形式，要求通道密封性好，钢结构的屋面和墙面材料可采用彩钢板或膜材料；

（3）车辆进出门有较高的安装精度要求，应由专业工人装配和安装。

5.2.4 机电设备的安装

机电设备安装过程如下：

（1）开箱检查并做好记录；

图 5-13　车辆进出门的安装

(2) 发电机、控制柜、空调机组等设备与基础筏板固定连接；

(3) 机械单元各功能段吊装就位并组拼，组拼完成后进行密封处理，防止漏风；

(4) 电缆、信号线与设备进行连接，预调试；

(5) 为保证设备能够正常、安全、有效运行，设备的安装调试应由专业技术人员进行。

机电设备安装见图 5-14。

图 5-14　机电设备的安装

5.2.5　膜单元铺装与拼接

(1) 按施工图及膜单元编号及展开方向将每个膜单元摆放至相应的位置和方位；

(2) 将膜单元按外包装上标示的方向展开，展开方式可使用人力或机械；

(3) 将膜单元之间的拼缝进行连接，周边固定到混凝土地梁的铝槽中或钢构件上。对于门框、爬墙等部位膜边界无法在充气前进行安装的，需在充气过程中适时安装。

膜单元安装见图 5-15。

5.2.6　索网的安装

索网安装与其布置形式有密切联系，安装钢索时，应注意对下部膜的保护。常用的纵横索网和斜向索网的安装方案如下：

(a) 膜单元就位

(b) 展膜、铺装

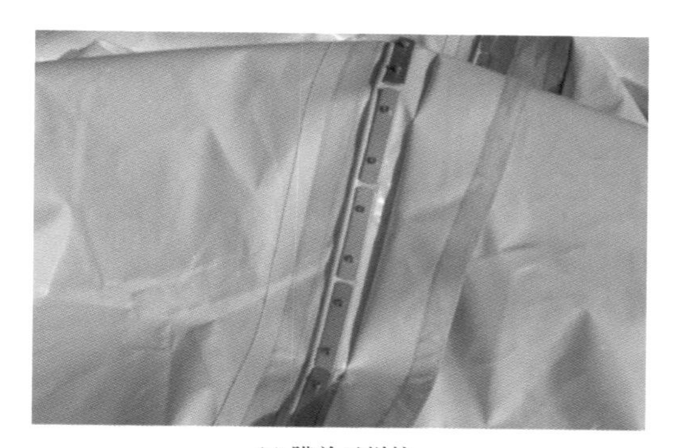

(c) 膜单元拼接

(d) 膜单元周边固定

(e) 膜面整理

(f) 安装质量查验

图 5-15 膜单元安装

1. 纵横索网（图 5-16）

（1）根据索网布置图将每根编号的钢索按设计位置展开，覆盖在已展开的膜面上部；

（2）按施工图和钢索上的标记位置将索交叉的节点相互卡紧固定；

（3）将两端的锚具叉耳与预埋的钢结构耳板销接连接。

2. 斜向索网（图 5-17）

根据斜向索网的基本分区图分区进行索网安装。

（1）每个分区的钢索编织固定成网，然后再将各个区分的索网连接成一体；

（2）各分区的索网就位后，将分区索网之间通过连接件和螺栓进行连接固定；

（3）将索网的周圈与基础梁或挡墙上的预埋件进行连接固定。

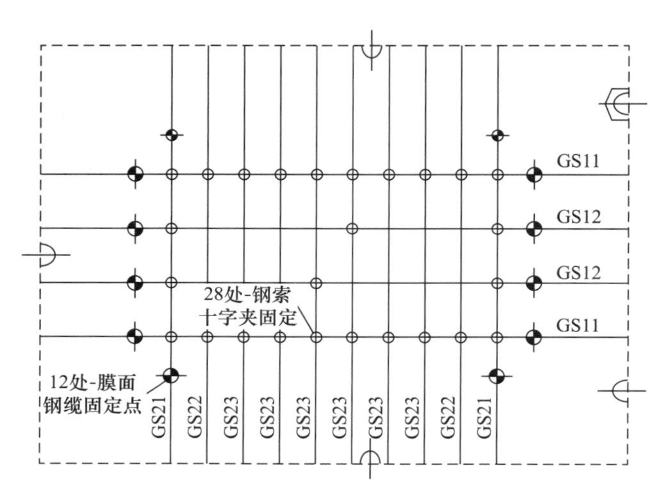

图 5-16　纵横向索网平面布置图

5.2.7　充气与调试

1. 充气前准备

充气过程不宜超过 4h，风机选型需考虑成形时间的影响。充气成形时间按 1～2h 考虑。

起膜时间宜选择风力较小的早晨或上午进行，雨雪天气、当风力达到四级或气温低于 4℃时，不宜进行充气起膜。当风力达到五级及以上时，严禁进行充气。起膜用的电源，宜采用正式供电网络。

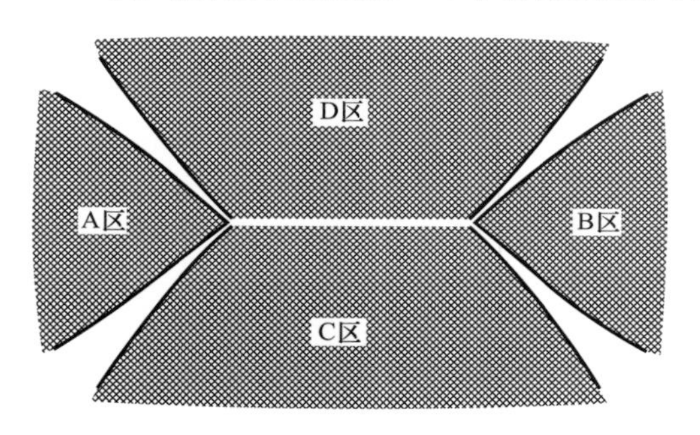

图 5-17　斜向索网平面分区布置图

充气前准备工作如下：

（1）检查膜单元之间的连接及膜单元与基础的连接情况；

（2）检查所有钢索的连接情况，确保所有的边界及连接节点满足设计要求；

（3）对所有的设备（包括充气控制设备、备用电源、各个应急门和人员、设备进出门等）及相关配套设施进行安装调试，确保这些设备都能正常的工作；

（4）对周边的环境进行检查，对有危及膜安全的建筑物、构筑物或其他物品要进行有效的保护。

气承式膜结构充气起膜前的所有检查，应填写相应的记录表。

2. 充气与调试

充气起膜一般包含四个步骤，即初始充气、中间检查、再充气、最终检查。

（1）初始充气

所有风机需同时打开运行，尽快完成充气过程，必要时增加临时风机。充气过程中，安装人员应不间断地对各连接部位、膜主体充气状况和设备运行情况进行查看，确保没有错误或其他异常的情况出现。充气过程中，检查人员沿周圈仔细查验，确保膜体不会碰到围栏、门及框架、机电设备等，必要时暂停充气，清除障碍后继续。

（2）中间检查

当充气压力达到 60～100Pa 时，膜结构主体基本成形。保持压力，将膜体与墙体、框架、门框等未连接处均完成连接。保持压力，再次对膜主体、膜面拉索、各进出门及配套的框架、机械和电气设备等连接处以及设备运行情况进行仔细检查，发现异常的情况要及时进行处理。

（3）再充气

中间检查如发现问题且解决后，则可继续充气至设计内压。充气完成后，需维持设计内压至少 1h 以上，才能切换为自动控制的状态。

（4）最终检查

最终检查是对成形后的气承式膜结构各项性能指标的复核和查验，对于评价气承式膜结构的工作性能具有重要意义，检查内容如表 5-1 所示。

气承式膜结构成形后最终检查内容 **表 5-1**

位置	检查项目
充气设备	检查风机箱，清理箱内材料、树叶等杂物
	检查风机和电机的传送皮带是否正常
	全方面地检查电机和风机的运行状态
	检查备用风机是否能正常启动
控制系统	检查充气压力是否和设计要求的压力一致
	检查控制系统电子元器件是否正常无损坏
	检查各传感仪器、仪表是否正常无故障，报警设备是否功能完好
备用电源	检查备用电源的燃料储量和蓄电池是否正常
	检查断电测试发电机能否自动启动
基础锚固	检查结构周边的每个锚固点是否安全、稳固
	检查地基或地面条件是否破坏
主体膜材	检查主体膜面是否有孔洞、裂缝或其他损坏
	检查焊接、缝合，连接、窗洞等处是否损坏
	检查开洞口处的膜面是否有过度的应力集中
	检查防雨膜是否粘结牢固、平整度及防雨性能
	检查是否有材料或设备距离膜面较近，如有需进行包裹防护
索及索网	检查索网是否出现松弛或大位移的偏移现象，是否需要调整
	检查索体与索体、索头与锚固点的连接件是否松动，如有需加固
连接节点	检查连接节点处的构件或紧固件是否有脱落或松动，如有需加固
送、回风风道	检查送、回风风道是否干燥、通畅，无异物和积水堵塞
	检查风道内防水或保温处理层有无大面积脱落等情况
门禁系统	检查门禁及支撑构件是否水平、稳固地锚固在地基上
	检查气闭门的互锁装置能否正常操作
	检查门体开洞口处的膜面是否有过度的应力集中
空气泄漏	检查在基础周边、附属构件连接位置、门禁周围是否有异常的空气泄漏。要及时采用聚乙烯、胶带或其他嵌缝材料对异常的空气泄漏处进行密封处理

5.2.8 充气后的细部安装

充气后的细部安装内容主要包括：门头细部处理、保温材料安装、照明系统安装。

1. 门头细部处理

确认门帘膜与门框连接、密封完成。门边钢索与锚固基础梁的连接完成。将内膜洞口处按划线位置剪裁出来（需留出焊接余量），待保温材料安装完毕后将其与外膜焊接在一起进行洞口包边处理。

2. 保温材料安装

对于双层膜面的气承式膜结构，保温材料安装在内外膜之间的空腔内，使用脚手架或举臂车、汽车起重机等材料机械完成。在室内场地上将保温材料的顶部用夹具夹紧，用卷扬机或人工的方法将其从内外膜空腔的下部吊拽至空腔顶部，固定在该处已经焊接预留的吊挂点上。

3. 照明系统安装

气承式膜结构内部的配电及照明系统包括吊式（或柱式）照明系统、应急指示灯、应急照明灯、人员（车辆进入口）照明以及相应的配电箱、电气综合布线等。气承式膜结构内部配电及照明系统按照国家标准《建筑工程施工质量验收统一标准》GB 50300—2013中有关建筑电气照明部分的有关规定进行安装。由专业施工人员持证上岗，并确保施工过程中人员、设备的安全。

5.2.9 设备调试

需由专业工程师进行调试，主要内容有：

（1）压差表调好上下限，做到高压报警停机，低压启动备用风机；

（2）风机变频器软启调试；

（3）采暖、制冷设备调试；

（4）照明系统调试；

（5）按设计要求进行核对和测试控制程序。

5.2.10 培训

对使用方指定的操作人员进行气承式膜结构使用与维护的培训，向使用方提供《气承式膜结构使用与维护手册》。

《气承式膜结构使用与维护手册》应包括：

（1）气承式膜结构各组成部分介绍及使用说明；

（2）控制系统、充气设备、备用电源的操作方法；

（3）出现故障或报警信息时的一般处理方法；

（4）紧急处理程序；

（5）例行维护工作内容，并形成记录。

5.2.11 验收、移交

气承式膜结构的验收，执行《膜结构技术规程》CECS158：2015，还应提供：

（1）《气承式膜结构使用与维护手册》；

（2）设备使用手册；

（3）智能管理系统使用说明。

验收合格后，移交业主使用。

5.3 维护

5.3.1 维护内容

合理的使用和维护对保证气承式膜结构的使用安全和寿命具有重要意义，气承式膜结构的膜主体、索和索网、基础锚固、门禁系统、送风和自动控制系统以及其他所有的附加设备都必须保持良好的运行状态。

科学运维需要操作和维护人员严格按照生产商提供的使用与维护手册进行操作和维护。

气承式膜结构的维护应重点关注以下几点：

（1）确保内压稳定，在极端条件下能快速升压和稳压；

（2）保证所有的门禁系统处于正常的状态；

（3）保证膜结构主体不被破坏，防患对膜面可能产生的破损风险。

日常维护和查验的内容包含充气设备、控制系统、备用电源、基础锚固系统、膜主体、索及索网、连接节点、门禁系统、送风风道、回风风道等。

表5-2列出了一些常规的检查项目，检查内容对气承式膜结构的安全稳定和高效运行具有重要的影响，需要认真检查，并做好相应的记录。检查应该定期进行，至少每月检查一次。

常规检查项目 **表5-2**

位置	检查项目
充气设备	检查风机箱，清理箱内材料、树叶等杂物
	检查风机和电机的传送皮带是否正常，如果需要进行替换和调整
	全方面地检查电机和风机的运行状态
	如果需要，给电机和风机轴承加润滑油
	检查备用风机是否能正常启动
控制系统	控制柜温度控制是否正常
	检查充气压力是否和设计要求的压力一致
	检查控制系统电子元器件是否正常无损坏
	检查各传感仪器、仪表是否正常无故障，报警设备是否功能完好

续表

位置	检查项目
备用电源	检查备用电源的燃料储量和蓄电池是否正常
	检查断电测试发电机能否自动启动
基础锚固	检查结构周边的每个锚固点是否安全、稳固
	检查地基或地面条件是否破坏
主体膜材	检查主体膜面是否有孔洞、裂缝或其他损坏
	检查焊接、缝合、连接、窗洞等处是否损坏
	检查开洞口处的膜面是否有过度的应力集中
	检查防雨膜是否粘接牢固、平整度及防雨性能
	检查是否有材料或设备距离膜面较近，如有，进行包裹防护
索及索网	检查索网是否出现松弛或大位移的偏移现象，是否需要调整
	检查索体与索体、索头与锚固点的连接件是否松动，如有需加固
连接节点	检查连接节点处的构件或紧固件是否有脱落或松动，如有需加固
送、回风风道	检查送、回风风道是否干燥、通畅，无异物和积水堵塞
	检查风道内防水或保温处理层有无大面积脱落等情况
门禁系统	检查门禁及支撑构件是否水平、稳固的锚固在地基上
	检查气闭门的互锁装置是能否正常的操作
	检查门体开洞口处的膜面是否有过度的应力集中
空气泄漏	检查在基础周边、附属构件连接位置、门禁周围是否有异常的空气泄漏。要及时通过聚乙烯、胶带或其他嵌缝材料进行对异常的空气泄漏处进行密封处理

5.3.2　定期检查制度

维护工作按周期分为日常维护、周维护、月度维护和年度维护。

（1）日常维护内容主要包括气压检查、温度设置（场馆）、积雪状况（冬季）、耗电量记录、天气情况记录、照明系统状态及膜结构主体（包括膜面、门禁、锚固等）检查等；

（2）周维护在完成日常维护的前提下，主要包括门禁系统、锚固系统、气压和风速监测、充气设备、控制系统、备用电源等项目的检查和维护；

（3）月度维护和年度维护是在完成周维护的前提下，主要包括充气设备、备用电源、控制系统等项目的检查和维护。

5.3.3　大风、大雪等极端天气后的检查

大风、大雪等极端天气后，必须对气承式膜结构的各个系统进行检查。这类检查必须在极端天气后的 24h 之内进行，发现问题需及时处理。

主要检查内容有：

（1）膜结构主体是否出现撕裂、破洞等破损；

（2）膜面是否有积水、积雪现象，结构周围是否有积雪、异物堵塞等情况；

（3）拉索及索网是否有断裂、松弛、脱销等异常情况；

（4）锚固系统是否出现异常；

（5）气承式膜结构内部充气压力是否正常；
（6）各个部位是否有异常的空气泄漏；
（7）进风口是否有树叶、纸屑、雪等堵塞情况；
（8）充气设备、备用电源、控制系统的工作状态。

所有的定期检查和大风、大雪等极端天气后的检查应按表5-3内容进行记录，使用方至少要保留本年度的周记录及之前两年的月度和年度检查记录。

气膜维护检查记录 **表5-3**

日期		记录人		天气情况	（如：雨、雪、风力、冰雹、温度、湿度）	
压力设置		室内温度		室内湿度	采暖或制冷	
主体结构维护、检查、检修情况						
主体结构膜材膜体检查、铝槽、防腐木、配套钢缆、铝板连接件、膜体与各连接部						
自动门、应急门、应急灯、各配套功能门						
室内保温棉、照明系统						
设备及控制系统维护、检查、检修情况						
室外设备平台主配电柜、照明控制柜、照明装置柜运行状态						
机械单元内主控制柜运行状态						
主风机及电机、备用风机及电机运行状态						
采暖设备及制冷设备运行状态						
备用发电机控制系统运行状态						
智能管理系统运行状态						
室内压力管、报警功能运行状态						
发电机测试						
机械单元内初、中、高及各过滤器运行状态						
机械单元内交换盘管运行状态						
机械单元内如：风阀、风扇、排风						
极端及恶劣天气应注意室内压力设置及变化						
维护、检查、检修结论及其他问题汇总：						

第 6 章 膜结构项目管理

6.1 概述

膜结构项目管理是按照项目管理系统的观点、理论和方法对膜结构工程进行的策划、组织、实施、监督、控制、协调等全过程或若干过程的管理。项目管理规划包括项目管理组织、项目合同管理、项目采购管理、项目进度管理、项目质量管理、项目职业健康安全管理、项目环境管理、项目成本管理、项目资源管理、项目信息管理、项目风险管理、项目沟通管理、项目收尾管理等。

6.2 项目经理职责

项目经理：是施工承包企业法人代表在项目上的全权委托代理人；是承包人在合同中指定的在现场负责合同履行的委托代理人。

项目经理应具备的能力：学习能力、组织能力、沟通能力、管理能力。

项目经理的基本素质：政治素质、领导素质、知识储备、实践经验、身体素质。

6.2.1 项目经理的职责

按《建筑施工企业项目经理资质管理办法》的规定，项目经理对项目施工负有全面管理的责任，在承担建设工程项目管理过程中，履行下列职责：

（1）贯彻执行国家和政府的有关法律、法规和政策，执行企业的各项管理制度，建立相适应的管理组织。

（2）执行项目承包合同中相关的各项条款；合理配置资源，充分发挥各种资源作用，创造更多利润。

（3）执行有关技术规范和标准，对工程项目进行有效控制，确保工程质量、工期和安全。

（4）协调各方的利益关系，调动各方的积极性；合理地选拔人才，造就人才。

6.2.2 项目经理的权限

工程项目经理应该具有一定的权限，并利用赋予的权限来解决工程实施过程中出现的各种问题。项目经理权限包括：用人决策权；财务决策权；进度计划控制权；技术质量决策权；设备、物资采购决策权。

6.3 组织及沟通

项目管理组织可指发包人、承包人、分包人和其他单位的组织关系。承包人的项目管理组织即是指项目经理部；非特指时，项目管理组织是指承包人的项目管理组织。项目经理部是由项目经理在企业管理层的支持下组建、领导、在现场进行项目管理的临时组织机构。项目经理部按照项目的大小、程度以及膜结构工程所处的位置采用不同的形式，不同形式的项目经理部所导致的管理成本和管理绩效等都大不相同。

项目经理的管理组织方式可分为直线制（图 6-1）、职能制（图 6-2）和直线职能制（图 6-3）三类。

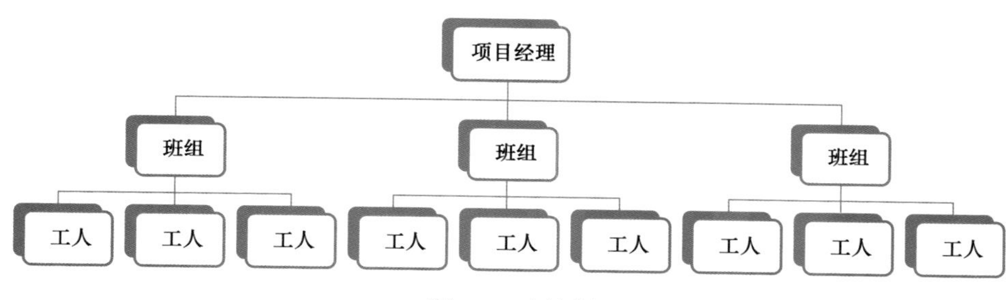

图 6-1　直线制

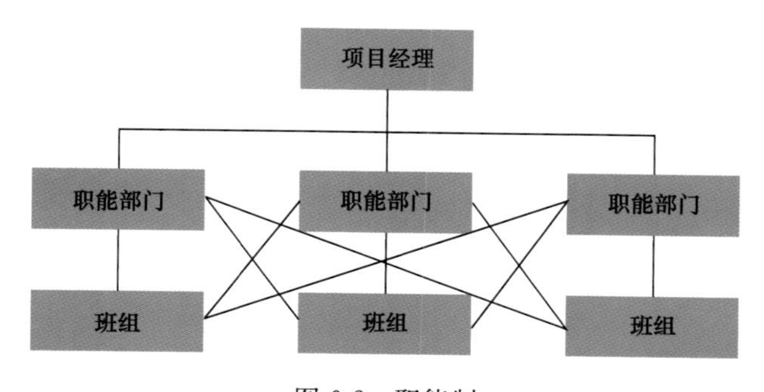

图 6-2　职能制

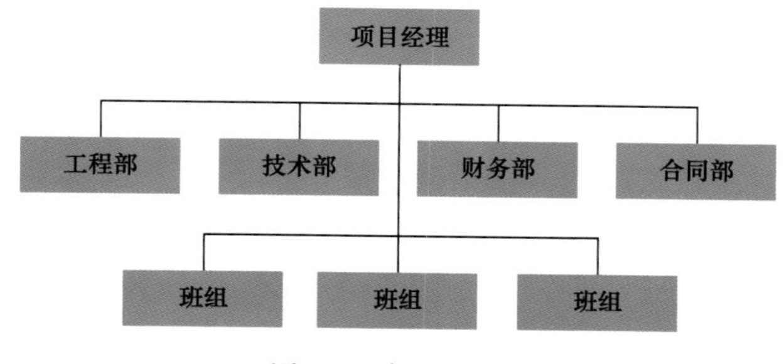

图 6-3　直线职能制

沟通在项目管理过程中无处不在，有限的沟通是使项目管理组织有效运行的保证，项目管理过程沟通导图如图 6-4 所示。有时需要用文字的形式记录项目的过程和细节，方便各个部门的沟通。

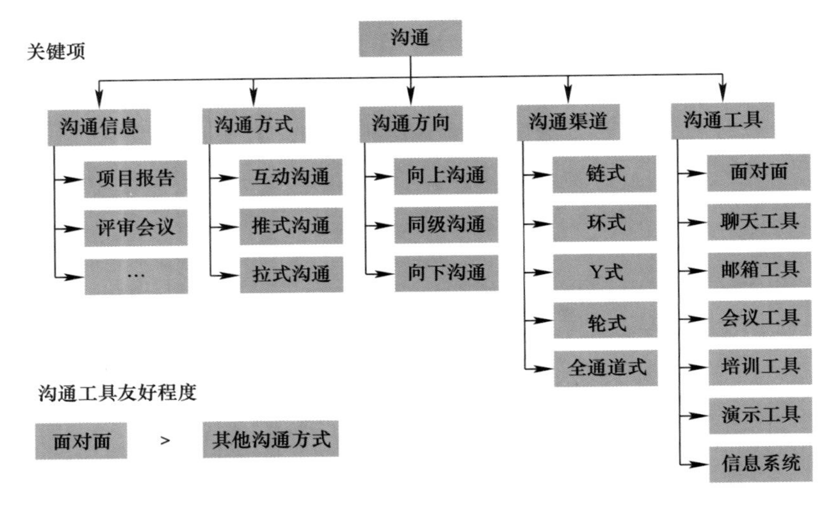

图 6-4　项目沟通导图

6.4　合同及风险

6.4.1　合同管理

项目合同管理贯穿于合同签订、履行、终结直至归档的全过程，需要对项目合同签订、履行、变更和解除进行监督检查，同时需要处理合同履行过程中发生的争议或纠纷，以确保合同依法订立和全面履行。通过合同管理，可对项目风险进行有效的管控。

6.4.2　合同审查

合同审查对项目的合法性、有效性进行审查，需要检查经营资格（经营范围）和相应的施工资质，是否符合法定程序，是否违反关于分包和转包的规定，是否符合法律和行政法规。

合同条款完备性审查包括工期是否合理、双方代表的权限是否合理、工程造价或工程造价的计算方法是否有问题，材料和设备的供应范围及工程竣工交付的标准，付款方式及违约责任。

合同中常见的风险条款：

（1）工程变更的补偿范围、补偿条件和价格调整条件；

（2）在固定总价合同中工程范围不确定；

（3）业主和工程师对设计、施工、材料供应的认可权和检查权；
（4）工期和费用的索赔权；索赔有效期限；
（5）工期拖延罚款的限额，工期提前的奖励；有无发包方拖欠工程款处罚条款；
（6）对一些问题不作具体规定，仅用“另行协商解决”等字眼；
（7）工程款的审批条款含糊，缺少明确的时间限定；
（8）是否出现总包承诺在业主支付工程款后支付给分包商工程款的条款；
（9）因总包的管理失误造成分包的成本和费用增加的赔偿条款；
（10）经过工程投标，而且是固定总价合同，待工程完工后又要求结算审计。

6.4.3 项目索赔管理

工程项目索赔通常是指在工程合同履行过程中，合同双方因非自身因素，或对方不履行或未能正确履行合同而受到经济损失或权利损害时，通过一定的合法程序向对方提出经济或时间补偿的要求。索赔是一种正当的权利要求，是发包方、监理工程师和承包方之间一项正常的、大量发生而且普遍存在的合同管理业务，是一种以法律和合同为依据的、合情合理的行为。

项目经理必须熟悉索赔的流程，维护项目实施过程中的合法权益。

索赔的基本特征：索赔是双向的，不仅承包人可以向发包人索赔，发包人同样也可以向承包人索赔；只有实际发生了经济损失或权利损害，一方才能向对方索赔。索赔是一种未经对方确认的单方行为。索赔要求能否得到最终实现，必须要通过确认（如双方协商、谈判、调解或仲裁、诉讼）后才能得知。在施工过程中做好记录，以便为实施索赔提供依据。索赔证据包含的内容如图 6-5 所示。

施工记录方面	财务记录方面
1.施工日志	1.施工进度款支付申请单
2.施工检查员的报告	2.工人劳动计时卡
3.逐月分项施工纪要	3.工人分布记录
4.施工工长的日报	4.材料、设备、配件等的采购单
5.每日工时记录	5.工人工资单
6.同发包人代表的往来信函及文件	6.付款收据
7.施工进程及特殊问题的照片或录像带	7.收款单据
8.会议记录或纪要	8.标书中财务部分的章节
9.施工图纸	9.工地的施工预算
10.发包人或者其代表的电话记录	10.工地开支报告
11. 投标时的施工进度表	11.会计日报表
12.修正后的施工进度表	12.会计总账
13.施工质量检测记录	13.批准的财务报告
14. 施工设备使用记录	14.会计往来信函及文件
15.施工材料使用记录	15.通用货币汇率变化表
16.气象报告	16.官方的物价指数、工资指数
17.验收报告和技术鉴定报告	

图 6-5　索赔证据

索赔的机会和证据：
（1）对方有明显的违反合同或未正确地履行合同责任的行为；
（2）工程环境与“合同状态”的环境不一样，与原标书规定不一样；

（3）合同双方对合同条款的理解发生争执，或发现合同缺陷、图纸出错等；

（4）发包人和工程师做出变更指令，双方召开变更会议，双方签署了会谈纪要、备忘录、修正案、附加协议；

（5）在合同监督和跟踪中承包商发现工程实施偏离合同，如形象进度与计划不符、成本大幅度增加、资金周转困难、工程停滞、质量标准提高、工程量增加、施工计划被打乱、施工现场紊乱、实际的合同实施不符合合同事件表中的内容或存在差异等。

6.5　进度及质量

项目进度（质量）管理：是承包人为实现发包人提出的进度（质量）要求而进行的有关进度的计划、控制、调整等管理工作；是一个动态、循环、复杂的过程，包括计划、实施、检查、调整四个小过程（PDCA）；在工程实施过程中，进度与质量又往往是相互矛盾的，所以在进行进度管控的同时一定要兼顾工程质量。

项目工作要有条不紊，必须制定合理的施工组织计划（技术、物资、设备、现场条件），施工总进度计划，单位工程施工进度计划，分部分项工程进度计划，年度、季度、月（旬）施工计划等。

6.5.1　项目进度检查

项目施工进度检查的主要方法是比较法。常用的方法有横道图（图6-6）、S形曲线（图6-7）、香蕉形曲线（图6-8）、前锋线和列表比较法。

6.5.2　项目进度计划的调整（关门工期调整）

项目进度计划的调整应依据进度计划检查结果，对各种要素进行调整，并编制调整后的施工进度计划，以保证施工总目标的实现。

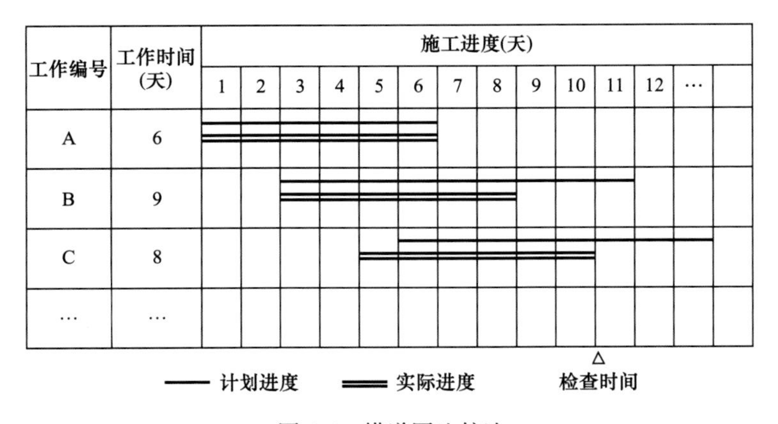

图6-6　横道图比较法

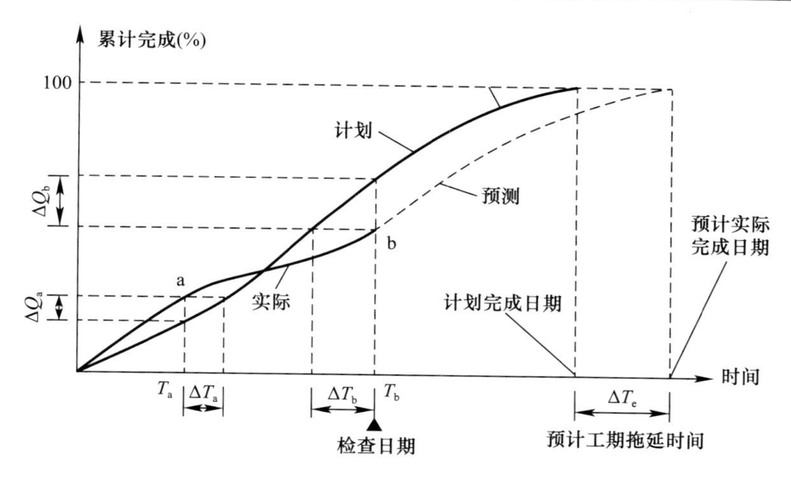

图 6-7 S形曲线比较法

6.5.3 项目质量策划

按照工程质量目标，规定必要的作业过程和配置相关资源，把工程进行细化，以实现质量目标。策划内容体现在项目质量计划中（ISO9000 质量体系），施工工序质量控制如图 6-9 所示。

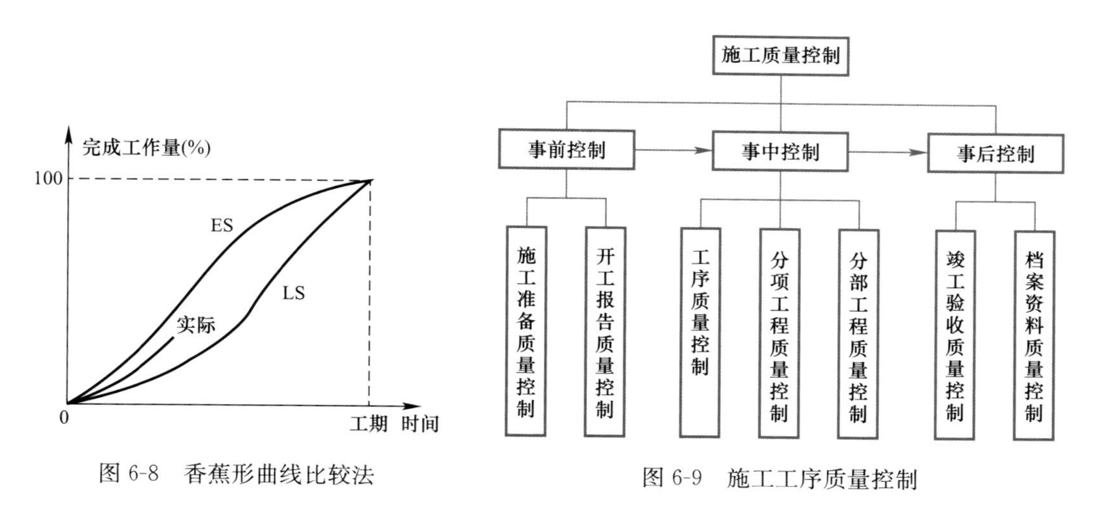

图 6-8 香蕉形曲线比较法

图 6-9 施工工序质量控制

6.5.4 质量控制点的设置

工程施工的内容比较烦杂，不太可能面面俱到，所以要做好质量管理需要设定控制点来控制施工质量。控制点也不是随便设置，质量控制点（见证点、停止点）一般设置在下列部位：

（1）重要的和关键性的施工环节和部位；

（2）质量不稳定、施工质量没有把握的施工工序和环节；

（3）施工技术难度大、施工条件困难的部位或环节；
（4）质量标准或质量精度要求高的施工内容和项目；
（5）对后续施工或后续工序质量或安全有重要影响的施工工序或部位；
（6）采用新技术、新工艺、新材料施工的部位或环节。

6.6　职业健康

6.6.1　项目职业健康安全管理

项目职业健康安全管理就是按照项目职业健康安全目标要求，在施工过程中用现代管理的科学方法去组织、协调生产，大幅度降低伤亡事故，充分调动施工人员的主观能动性，改变不安全、不卫生的劳动环境和工作条件，以提高劳动生产率和经济效益。

6.6.2　安全生产许可证

施工企业必须具有建设管理部门颁发的《安全生产许可证》，目前很多膜结构企业没有，建议膜结构企业应该申报相关的施工资质（住建部规定的）并办理《安全生产许可证》。

6.6.3　职业健康安全教育的规定

国家法律法规规定：生产经营单位应当对人员进行职业健康安全生产教育和培训（安全生产知识、安全生产规章制度、安全操作规程、岗位安全操作技能），未经职业健康安全生产教育和培训不合格的人员，不得上岗作业。

地方政府及行业管理部门对项目各级管理人员的职业健康安全教育培训做出了具体规定，要求项目职业健康安全教育培训率实现100%，各级人员应持有相应的《安全员证书》（A、B、C三证）。

6.6.4　新员工三级职业健康安全教育

企业必须坚持职业健康安全生产基本教育。对新员工必须进行公司、项目、作业班组三级职业健康安全教育，时间不得少于40小时，并进行相应的考核。再根据不同岗位颁发上岗证书，做到员工持证上岗。

6.6.5　职业健康安全事故

根据国务院《生产安全事故报告和调查处理条例》，按照事故的严重程度，职业健康安全事故分为：特别重大事故、重大事故、较大事故、一般事故。在建筑行业，住建部按安全事故伤亡和损失程度的不同，把工程建设重大事故分为四个等级：

一级重大事故：死亡 30 人以上或直接经济损失达 300 万元以上的事故。

二级重大事故：死亡 10 人以上、29 人以下或直接经济损失达 100 万元以上不满 300 万元的事故。

三级重大事故：死亡 3 人以上、9 人以下，重伤 20 人以上或直接经济损失在 30 万元以上不满 100 万元的事故。

四级重大事故：死亡 2 人以下，重伤 3 人以上、19 人以下或直接经济损失 10 万元以上不满 30 万元的事故。

6.6.6 安全事故处理程序

安全事故报告程序：按事故等级采取不同的程序进行上报。

安全事故报告内容：时间、地点、项目名称、所属单位、严重程度、伤亡情况、事故简要经过等。

安全事故现场紧急处理：抢救伤员，排除险情，制止事故蔓延扩大。为了事故调查分析需要，保护好事故现场。

6.7 收尾

6.7.1 工程项目收尾管理

工程项目收尾管理是指对项目的收尾、试运行、竣工验收、竣工结算、竣工决算、考核评价、回访保修等进行的计划、组织、协调和控制等活动。对膜结构工程公司来讲，其中竣工决算不是其工作范畴。工程项目收尾管理的工作内容如图 6-10 所示。

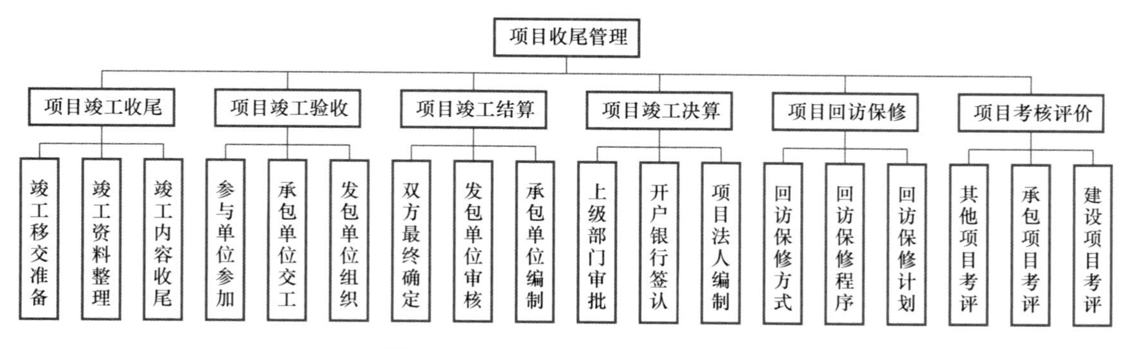

图 6-10 工程项目收尾管理的内容

6.7.2 项目竣工验收

项目竣工验收有隐蔽工程验收，分项工程验收，分部工程验收，单位工程竣工验收，然后全部验收。进行最终整体验收时，对已验收过的单项工程，可以不再进行验收和办理验收手续，但应将单项工程验收资料单独作为全部建设项目验收的附件而加以说明。

6.7.3　工程文件的归档管理

工程文件的归档整理应按国家现行标准《建设工程文件归档规范》GB/T 50328—2014（2019 年版）、《科学技术档案案卷构成的一般要求》GB/T 11822—2008 等进行。

承包人向发包人移交工程文件档案应与编制的清单目录保持一致，须有交接签认手续，并符合移交规定。

6.7.4　工程文件资料清单

（1）工程项目开工报告；
（2）工程项目竣工报告；
（3）分项、分部工程和单位工程技术人员名单；
（4）图纸会审和设计交底记录；
（5）设计变更通知单；
（6）设计变更核实单；
（7）工程质量事故发生后调查和处理资料；
（8）水准点位置、定位测量记录、沉降及位移观测记录；
（9）材料、设备、构件的质量合格证明资料；
（10）试验、检验报告；
（11）隐蔽验收记录及施工日志；
（12）竣工图；
（13）质量检验评定资料；
（14）工程竣工验收资料。

6.8　结语

膜结构工程的类型、规模和特点各不相同，膜结构公司的情况差异也较大，项目经理根据自己公司的规模、负责的膜结构工程项目特点，制定出既满足国家规范和客户要求，也便于实际运行的项目管理流程和项目管理办法，保证膜结构工程管理高效、安全和经济。提升膜结构行业的管理水平，推进膜结构工程技术创新，膜结构项目经理责任重大。

第7章 膜结构工程消耗量

7.1 概述

膜结构在我国应用领域和工程规模不断扩大，据不完全统计，仅气承式膜结构，2021年我国年工程建设规模预计将突破1000万m^2，如今我国已成为膜结构工程建设规模最大的国家。

膜结构属较为新型的建筑（结构）形式，设计、施工和工程计价与传统的建筑有显著差异。目前，针对膜结构工程的概预算与工程消耗量缺乏统一标准，这严重制约了膜结构行业的健康发展。同时，由于缺乏膜结构工程建设计价标准，为膜结构工程的投标、结算和审计带来了极大的不便。

为适应膜结构行业的发展，中钢构协〔2021〕26号文批准了《膜结构工程消耗量标准》（以下简称《标准》）的编制，空间结构分会组织相关单位完成了标准编制工作，并于2022年8月底完成了标准送审稿的审查，将于2022年底颁布实施。

7.1.1 编制原则

依据我国工程建设造价管理改革相关文件为指导原则，结合行业发展需要，综合膜结构工程特点，基于"计量标准化、价格市场化"的工作思路，编制《膜结构工程消耗量标准》。标准编制基于以下原则：

1. 坚持市场化引领

积极促进膜结构工程造价市场化。依据我国工程建设造价管理改革相关文件，基于行业发展需要，基于"量、价、费分离"的基本指导思想，结合膜结构工程特点，编制标准。

2. 坚持问题导向

《标准》将为膜结构工程招标投标、编制工程预算和结算提供科学依据，解决行业发展面临的突出问题。

3. 坚持稳中求进总基调

分步实施，小步快跑。标准编制既要符合远期改革方向，也要满足近期实际需要。《标准》水平应反映现行的工程建设技术和工艺标准，取值适中、合理，标准适度先进。满足使用需求，方便使用，积极引导"四新"的应用。

4. 坚持共编、共享

充分借助社会力量，广泛组织相关单位参与编制，力求做到共编、共享。

7.1.2 编制依据

《膜结构工程消耗量标准》编制遵循促进“新技术、新工艺、新材料、新设备”的应用，并根据正常的施工条件、膜结构企业的装备设备水平、成熟的施工工艺、合理的劳动组织条件，国家颁发的施工及验收规范、质量评定标准和安全技术操作规程，施工现场文明安全施工及环境保护的要求，现行的标准图、通用图等为依据编制。

重点内容的确定方式是通过调研膜结构企业近年完成的典型工程，各类施工合同、工程施工组织设计、施工方案、施工日志、材料采购计划、采购合同、机械租赁合同，具有代表性的典型工程施工图、有关标准图及造价成果文件等。通过调研形成“四新”内容的技术标准、设计文件、施工方案，施工现场测定资料和统计资料等。

7.2 《标准》特点

7.2.1 功能

标准为膜结构工程招标投标、编制工程预算和结算提供科学依据。同时也是完成规定计量单位分项工程所需的人工、材料、施工机械的消耗量标准；是编制膜结构工程预算和结算的基础。

7.2.2 适用范围和内容

标准适用于国内的膜结构新建、扩建工程，临时性膜结构工程、抢险救灾膜结构工程可参考本标准执行，但不适用于膜结构修缮工程（含整体更新改造）。

《标准》共分为五章和四个附录，主要技术内容包括：总则、术语、基本规定、制作、安装、附录。附录内容包括：组价规定、膜结构工程工期、膜结构工程行业费用表、膜结构工程计价程序表格。

7.2.3 使用要求

投标人可自主选择“预算定额”或《标准》编制膜结构工程预算和结算。

如发、承包人事先自主选择依据《标准》等相关标准计价的，应严格执行本标准相关规定，避免错用、滥用，除《标准》中明确可调整的外，应严格按《标准》的消耗量和规则执行，自行调整消耗量或不按相应计价规则执行，不能视为依据《标准》计价。

7.2.4 与传统预算定额的区别

1. 内涵变化

《标准》不是传统“预算定额”，两者之间的表现形式和内涵均存在较大差异（图7-1）。

《标准》与传统“预算定额”量、价、费合一的技术经济标准相比，在保障工程质量安全的前提下，减少了政府对市场计价的干扰，充分体现了市场的主体地位，符合市场化计价改革的要求。

《标准》形式上采取量、价、费分离方式的编制，内涵上回归了消耗量标准属于技术标准的本质特性，以分部分项工程为单位客观反映了施工工艺和工序所必须消耗的人、材、机等施工生产要素数量，剥离了传统“预算定额”中应由市场自主确定的经济属性部分。

2. 表现形式变化

《标准》规定人、材、机数量标准，实现量、价、费分离，回归技术标准属性。完成计价活动时，与“市场价格”配套使用。

第四节 现浇混凝土墙（010504）

工作内容：混凝土浇筑、振捣、养护等。　　单位：m³

定额编号					5-15	5-19	5-20	5-21
项目					直形墙	弧形墙	短肢剪力墙	挡土墙
预算单价（元）					458.19	459.87	466.72	464.09
其中	人工费（元）				31.87	33.47	40.05	37.52
	材料费（元）				424.56	424.57	424.55	424.55
	机械费（元）				1.46	1.53	1.79	1.69
名称			单位	单价（元）	数量			
人工	87001	综合工日	工日	74.5	0.429	0.541	0.539	0.505
材料	400009	C30 预拌混凝土	m	410.00	0.9550	0.9550	0.9550	0.9550
	510235	同混凝土等级砂浆（综合）	m	450.00	0.0250	0.0250	0.0250	0.0250
	540004	其他材料费	元	-	6.34	6.35	6.36	6.36
机械	500135	灰浆搅拌机 200L	台班	11.00	0.0047	0.0047	0.0047	0.0047
	540023	其他机具费	元	-	1.41	1.45	1.74	1.64

(a) 预算定额

4.2 膜制作

4.2.1 P 类膜材膜单元的制作包括裁剪下料、焊缝打磨、拼接定位、热合焊接、大片连接、周边处理、过程测量、成品检验、场内搬运和清洁包装，制作工时、材料和机械台班消耗量应按表 4.2.1 计算。

表 4.2.1 P 类膜材膜单元制作消耗量（计量单位：100m²）

编号				4-1	4-2	4-3	4-4
项目				非伞型膜	伞形膜	单层气膜	双层气膜
工料机名称			单位	消耗量			
人工	010101	综合用工一类	工日	5.6310	6.7940	4.8130	5.3050
材料	110101	外膜	m²	115.500	121.000	113.300	114.400
	110102	内膜	m²	-	-	-	125.840
机械	210101	数控裁剪机	台班	0.1883	0.1925	0.0720	0.0886
	210102	打磨机	台班	0.2283	0.2813	0.0808	0.0989
	210103	P 类膜材热合机(≥15KW)	台班	0.4115	0.5065	0.6211	0.7631
	210104	热合机(12KW)	台班	0.2106	0.3013	0.2210	0.2910
	210106	打包机(11KW)	台班	-	-	0.0519	0.0689

(b) 消耗量标准

图 7-1　“预算定额”与《标准》表现形式差异对比

（1）删除及调整“预算定额”基价组成部分。

① 删除“预算定额”中人、材、机基价；

② 删除“预算定额”人、材、机组价明细中单价；

③ 调整其他材料费由原具体金额改为按材料费为基数取费，按材料费的 1%～X% 计算；

④ 调整其他机具费由原具体金额改为按人工费为基数取费，按人工费的 1%～X% 计算。

（2）删除部分不可精确计量的措施费项目及固定费率取费项目。

删除“预算定额”措施费项目中不可精确计量的项目，如工程水电费、脚手架、垂直运输、超高施工增加费、安全文明施工费等。

（3）投标人须依据施工组织设计及其措施方案，结合市场价格和企业实际情况等自主测算，合理确定。

3. 计价规则变化

针对适用范围内的不同计价活动，分别明确了量、价、费的确定原则和方法，核心要点包括：

（1）“量”的口径统一，均应依据《标准》计算确定。

（2）“价”和“费”自主确定的计价规则。

（3）单价方面，计价中施工生产要素的单价价格，全部由投标人自主询价，可参考信息价合理确定。

（4）取费方面，计价中不可精确计量措施项目和费用项目等计价，投标人须依据施工组织设计及其措施方案，结合市场价格和企业实际情况等自主测算，可参考费率区间，合理确定。

7.3　《标准》解读

7.3.1　工程计价概述

工程计价是指按照法律、法规和标准规定的程序、方法和依据，对工程项目实施建设各个阶段的工程项目及其构成内容，以计量单位进行预测和确定计价，并最终形成工程造价的活动。

1. 工程计价是工程价值的货币形式

工程计价是指按照规定计算程序和方法，用货币的数量表示建设项目（包括拟建、在建和已建的项目）的价值。工程计价是自下而上的分部组合计价，建设项目兼具单件性与多样性的特点，每一个建设项目都需要按业主的特定需求进行单独设计、单独施工，不能批量生产和按整个项目确定价格，只能将整个项目进行分解，划分为可以按有关技术参数测算价格的基本构造要素（或称分部、分项工程），并计算出基本构造要素的费用。

2. 工程计价基本原理——分部组合计价原理

工程计价基本原理一般采用分部组合计价法。分部组合计算法就是基于项目的分解与组合，按照计价需要，将分项工程进一步分解或适当组合，就可以得到基本构造单元，找到适当的计量单位及当时当地的单价，采取一定的计价方法，进行分部组合汇总，计算出相应工程造价。工程计价的基本原理可以用公式的形式表达如下：

分部分项工程费（或措施项目费）＝∑［基本构造单元工程量（定额项目或清单项目）×相应单价］

3. 工程造价的计价可分为工程计量和工程计价两个环节

（1）工程计量工作包括工程项目的划分和工程量的计算

单位工程基本构造单元的确定，即划分工程项目。编制工程概算预算时，主要是按工程定额进行项目的划分；编制工程量清单时主要是按照清单工程量计算规范规定的清单项目进行划分。

工程量的计算就是按照工程项目的划分和工程量计算规则，就不同的设计文件对工程实物量进行计算。工程实物量是计价的基础，不同的计价依据有不同的计算规则规定。

目前，工程量计算规则包括两大类：各类工程定额规定的计算规则；各专业工程量计算规范附录中规定的计算规则。

(2) 工程计价包括工程单价的确定和总价的计算

工程单价是指完成单位工程基本构造单元的工程量所需要的基本费用。工程单价包括工料单价和综合单价。

① 工料单价仅包括人工、材料、机具使用费，是各种人工消耗量、各种材料消耗量、各类施工机具台班消耗量与其相应单价的乘积。

② 综合单价除包括人工、材料、机具使用费外，还包括可能分摊在单位工程基本构造单元的费用。

根据我国现行有关规定，又可以分成清单综合单价与全费用综合单价两种：

清单综合单价中除包括人工、材料、机具使用费用外，还包括企业管理费、利润和风险因素；

全费用综合单价中除包括人工、材料、机具使用费外，还包括企业管理费、利润、规费和税金。

综合单价根据国家、地区、行业定额或企业定额消耗量和相应生产要素的市场价格，以及定额或市场的取费费率来确定。

工程总价是指经过规定的程序或办法逐级汇总形成的相应工程造价。

7.3.2 基本规定

(1) 膜结构加工制作、安装所需的人工消耗量、材料消耗量及机械消耗量计算应符合本标准的规定。

当膜结构工程选择依据《标准》计价时，应严格执行本标准的相关规定，避免错用、滥用。

(2) 膜结构工程量计算应依据设计图示标注的尺寸和数量，并应符合下列规定：

① 各类膜制作、安装应按膜结构计量面积计算，不扣除单个面积小于或等于 $0.3m^2$ 的柱、垛及孔洞所占面积。

② 各类钢索制作、安装按设计图示尺寸应以长度计算，不扣除索锚具长度。

③ 其他项目的工程量确定应按本标准各章具体规定执行。

使用时应注意，《标准》计算规则的规定与现行《房屋建筑与装饰工程工程量计算规范》GB 50854—2013 计算规则“膜结构屋面按设计图示尺寸以水平投影面积计算”的规定以及各省市地方“定额”或“预算消耗量标准”相关规定不一致。

由于膜结构属于一种新型的建筑（结构）形式，设计、施工与传统的建筑有显著差异，膜结构工程因结构形式（整体张拉式、骨架支承式、索系支承式、气承式膜结构、气枕式膜结构等）、荷载，特别是建筑形状（伞形、球状折线、下悬等），使其单方消耗量出入非常大，消耗的主要材料、人工、机械及各种配件数量偏差较大，当使用现行《建设工程工程量清单计价规范》（以下简称《清单》）或“预算定额”完成计价活动，需借用《标准》编制预算时，应注意对其消耗量换算使用。

(3) 与膜结构工程相关的基础、主体钢结构、索结构等分项工程，其消耗量的计算应按现行相关标准执行。

(4) 膜结构工程造价编制宜按标准的组价规定执行。

（5）《标准》给出了膜结构工程工期的规定测算办法。

（6）膜结构工程的企业管理费和利润取费标准，在标准中也给出了明确的规定。

7.3.3　制作

1. 制作消耗量计算规则

（1）膜、钢索制作的消耗量应分别按《标准》4.2、4.3节的规定计算。《标准》制作部分包括膜制作、钢索制作共16个子目。

膜结构制作按其构成方式和功能属性进行编制，具体分为膜单元制作、钢索制作。

膜单元制作按不同的膜材料类别及膜结构选型分别编制。

（2）膜结构制作实际消耗量应按式（7-1）计算：

$$X_S = \gamma\beta X_b \tag{7-1}$$

式中：X_S——膜结构制作实际消耗量；

γ——不同线面比的调整系数（表7-1、表7-2）；

β——不同膜材幅宽的调整系数，但在计算膜材消耗量时，取$\beta=1.0$；

X_b——标准消耗量，按本标准各章消耗量表取值。

P类、G类膜结构制作消耗量调整系数 γ　　表7-1

膜材种类/线面比	$\alpha\leqslant0.5$	$0.5<\alpha\leqslant0.7$	$0.7<\alpha\leqslant1.0$	$1.0<\alpha\leqslant1.4$	$1.4<\alpha\leqslant1.9$	$\alpha>1.9$
P类	1.0	1.1	1.2	1.3	1.4	1.5
G类	1.0	1.1	1.2	1.3	1.4	1.5

E类膜结构制作消耗量调整系数 γ　　表7-2

膜材种类/线面比	$\alpha\leqslant0.7$	$0.7<\alpha\leqslant1.1$	$1.1<\alpha\leqslant1.5$	$1.5<\alpha\leqslant2$	$2<\alpha\leqslant2.4$	$\alpha>2.4$
E类	1.0	1.1	1.2	1.3	1.4	1.5

其中，线面比按式（7-2）计算：

$$\alpha = \frac{l}{A} \tag{7-2}$$

式中：l——膜结构所有膜单元边线长度总和（m）；

A——膜结构计量面积（m^2）。

线面比（Ratio between boundary line and surface area of total membrane element）：膜结构所有膜单元边线长度总和（m）与膜结构计量面积（m^2）的比值。

膜单元是指膜裁剪后的若干膜片，经过热合连接并进行周边处理形成的一个完整单元。膜单元是现场施工安装时的最小单位，一座膜结构建筑可由一个或多个膜单元组成。

（3）膜单元制作的标准消耗量应以膜材基准幅宽为依据（P类基准幅宽为1.5m，G类基准幅宽为3m，E类基准幅宽为1.55m），当膜材幅宽λ不等于基准幅宽时，应对按本标准各章消耗量表取值（膜材消耗量除外）乘以幅宽调整系数，按表7-3、表7-4或表7-5进行取值。

P 类膜材幅宽调整系数 β　　表 7-3

幅宽 λ（m）	$\lambda<1.5$	$\lambda=1.5$	$\lambda>1.5$
β	$1+(1.5-\lambda)/2\lambda$	1.0	$1-(\lambda-1.5)/2\lambda$

G 类膜材幅宽调整系数 β　　表 7-4

幅宽 λ（m）	$\lambda<3$	$\lambda=3$	$\lambda>3$
β	$1+(3-\lambda)/2\lambda$	1.0	$1-(\lambda-3)/2\lambda$

E 类膜材幅宽调整系数 β　　表 7-5

幅宽 λ（m）	$\lambda<1.55$	$\lambda=1.55$	$\lambda>1.55$
β	$1+(1.55-\lambda)/2\lambda$	1.0	$1-(\lambda-1.55)/2\lambda$

（4）当有热合缝对齐、特殊图案、整幅裁剪等特殊要求时，P 类、G 类膜制作的膜材消耗量应按实际发生进行计算。

（5）索体直径小于 32mm 的索，其制作的消耗量可按《标准》第 4 章 4.3 节计算。大直径索应按设计图示从索专业厂家采购。

各类钢索套环、索头制作消耗量应按设计图示数量计算。

2. 膜单元制作

（1）P 类膜材膜单元的制作应包括裁剪下料、焊缝打磨、拼接定位、热合焊接、大片连接、周边处理、过程测量、成品检验、场内搬运和清洁包装，制作工时、材料和机械台班消耗量应按《标准》中表 4.2.1 计算。

P 类膜材膜单元的制作分为如下 4 个子目：①非伞形膜结构、②伞形膜结构、③单层气承式膜结构、④双层气承式膜结构。

（2）G 类膜材膜单元制作应包括裁剪下料、拼接定位、热合焊接、周边处理、过程测量、预张拉、成品检验和清洁包装，制作工时、材料和机械台班消耗应按《标准》中表 4.2.2 计算。

G 类膜材膜单元制作分为非伞形膜结构、伞形膜结构共 2 个子目。

（3）E 类膜材膜单元制作应包括裁剪下料、焊缝打磨、拼接定位、热合焊接、大片连接、周边处理、过程测量、成品检验、清洁包装，制作工时、材料和机械台班消耗应按《标准》中表 4.2.3 计算。

E 类膜材膜单元制作分为气枕式膜结构单层、气枕式膜结构双层（图 7-2）、气枕式膜结构三层（图 7-3）、气枕式膜结构四层共 4 个子目。

3. 索制作

（1）气承式膜结构索网制作应包括下料、预张拉、索网编制和包装，制作消耗量应按《标准》计算。

气承式膜结构索网制作执行：索体直径 $\phi=16$mm 子目。

结构拉索制作应包括下料、预张拉和包装，制作工时、材料和机械台班消耗量应按《标准》计算。结构拉索制作分为拉索直径 $\phi\leqslant20$mm、拉索直径 $20\text{mm}<\phi\leqslant26$mm、拉索直径 $26\text{mm}<\phi\leqslant32$mm 共 3 个子目。

（2）索头制作应包括索头压制和包装，制作工时、材料和机械台班消耗量应按《标准》计算。

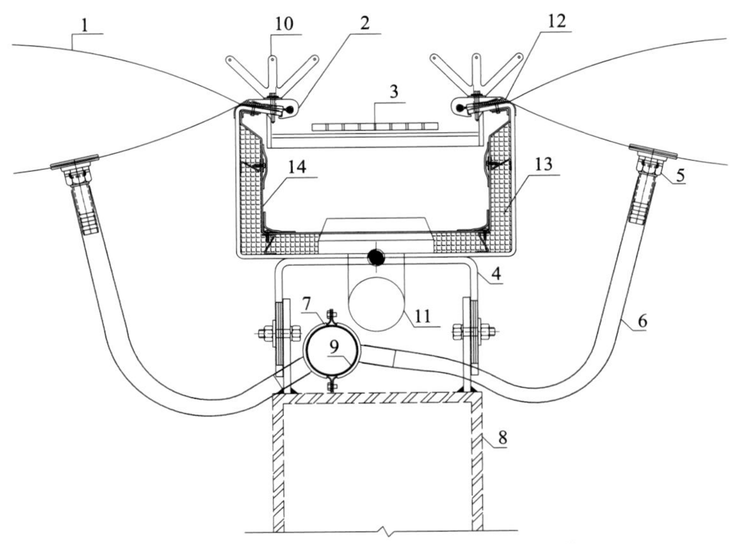

1—气枕膜；2—铝型材；3—雨水篦子；4—转接件
5—充气阀；6—充气软管；7—关卡；8—支撑结构；
9—充气管道；10—防鸟支架；11—排水管；
12—密封胶条；13—保温层；14—防水层

图 7-2　E 类膜材-双层气枕式膜结构典型节点（有排水沟）

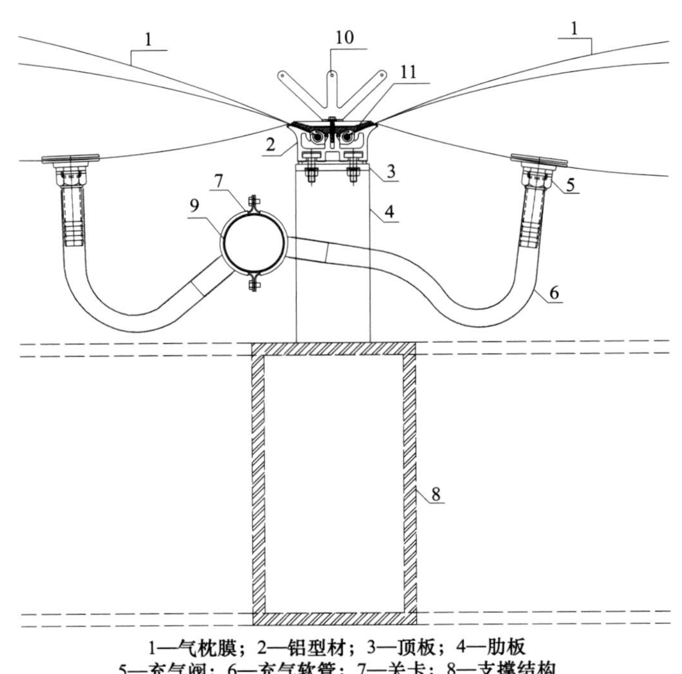

1—气枕膜；2—铝型材；3—顶板；4—肋板
5—充气阀；6—充气软管；7—关卡；8—支撑结构
9—充气管道；10—防鸟支架；11—密封胶条

图 7-3　E 类膜材-三层气枕式膜结构典型节点（无排水沟）

索头制作分为套环、压制索头共 2 个子目。

本标准中计算规则的规定，各项目、子目消耗量分别按照“计量面积”“设计图示尺寸长度”“设计图示数量”“设计图示质量”计算，与现行《房屋建筑与装饰工程工程量计算规范》GB 50854—2013 计算规则“膜结构屋面按设计图示尺寸以水平投影面积计算”的规定以及各省市地方“定额”或“预算消耗量标准”相关规定不一致。当使用现行《清单》或“预算定额”完成计价活动，需借用“消耗量编制”时，应注意对其消耗量换算使用。

使用《标准》时应注意各项目、子目的计量单位的变化，如按照“计量面积”计算，按照“长度”计算，按照“数量”计算的计量单位使用“套”，按照“质量”计算。

7.3.4 安装

1. 一般规定

（1）张拉膜结构安装、气承式膜结构安装、气枕式膜结构安装、二次钢构安装和附件安装的消耗量应分别按《标准》中 5.2、5.3、5.4、5.5 和 5.6 节的规定计算。

张拉膜结构安装、气承式膜结构安装、气枕式膜结构安装、二次钢构安装和附件安装，共 87 个子目。

（2）张拉膜结构、气承式膜结构、气枕式膜结构、二次钢构和附件安装材料的材质、型号、规格与设计要求不同时，除另有规定外，材料可以替算。

各类膜结构安装中的二次钢构、附件，应按工厂制成品采购。

（3）张拉膜结构安装工程量计算应按类别采用计量面积计算。

膜结构安装按其选型方式进行编制，具体分为张拉膜结构安装、气承式膜结构安装、气枕式膜结构安装、二次钢构安装和附件安装。

张拉膜结构安装按不同的膜材料类别及膜结构构成形态分别编制。

气承式膜结构安装按其构成形态和施工工序分别编制。

气枕式膜结构安装按其构成形态分别编制。

二次钢构、附件安装按不同构成形式及材料类别分别编制。

（4）气承式膜结构安装各工序工程量计算应符合以下规定：

① 场地清洁与防护应按膜结构投影面积计算；

② 膜面展开、铺设、充气成形及系统调试不分层数，应按计量面积计算；

③ 膜面连接与固定、索网铺设应按设计图示长度计算；

④ 索网连接与固定应按设计图示数量计算；

⑤ 智能控制系统、发电机、充气设备及其他独立成套的设备应按设计图示数量计算；

⑥ 人员进出门、车辆进出门、开门机、闭门器、互锁装置、车辆进出门电控装置应按设计图示数量计算；

⑦ 照明灯具、应急照明灯、应急指示灯、照明灯杆应按设计图示数量计算；

⑧ 电气布线、电缆桥架的安装应按各地方、行业相关标准执行；

⑨ 保温层应按铺设区域的计量面积计算。

（5）气枕式膜结构安装各工序工程量计算应符合以下规定：

① 气枕单元安装不分层数，应按计量面积计算；

② 主、支管道，防鸟线应按设计图示长度计算；

③ 智能充气系统应按设计图示数量计算。

（6）二次钢构中拉膜节点工程量应按设计图示尺寸以长度计算；锚固钢节点工程消耗

量应按设计图示数量计算。

(7) 附件安装的工程量计算应符合以下规定：

① 边界连接件应按设计图示尺寸以长度计算；

② 节点应按设计图示数量计算；

③ 钢配件应按设计图示尺寸以质量计算；

④ 附件与次结构或钢索连接的 U 形夹、拉杆等成品件安装消耗量应按实际发生计算。

(8) 膜结构安装各项目中的其他材料消耗、机具消耗应按照《标准》第 6 章的相关规定执行。

2. 张拉膜结构

(1) 整体张拉式和索系支承式膜结构的安装应包括定位放线、拉索吊装就位、膜单元吊装就位、构件与配件连接就位、整体张拉成形固定。P 类、G 类和 E 类膜材安装的人工、材料和机具消耗量按《标准》的规定计算。

P 类膜材整体张拉式和索系支承式膜结构安装分为膜、索共 2 个子目；

G 类膜材整体张拉式和索系支承式膜结构安装分为膜、索共 2 个子目；

E 类膜材单层膜结构安装分为单层膜、E 类膜附件共 2 个子目。

(2) 骨架式膜结构安装应包括定位放线、膜单元铺设、构件与配件连接、膜单元张拉（成形）固定。P 类和 G 类膜材膜结构安装人工、材料和机具消耗量应按《标准》中表 5.2.2-1 和表 5.2.2-2 计算。

P 类膜材骨架式膜结构安装分为膜、索共 2 个子目；

G 类膜材骨架式膜结构安装分为膜、索共 2 个子目。

3. 气承式膜结构

(1) 气承式膜结构安装应包括膜面铺设与连接，索网铺设与连接，智能控制系统安装，发电机与充气设备安装，空调设备安装，人员进出门安装，车辆进出门安装，照明灯具安装，保温层安装及充气成形和系统调试。

(2) 膜面铺设与连接应包含场地清洁与防护，膜面就位、展开及铺设，膜单元间连接，膜单元通过防腐木、角钢或膜压板与基础梁进行连接固定。其人工与材料消耗量按《标准》的规定计算。

膜面铺设与连接分为场地清洁与防护，膜面展开、铺设，膜面连接防腐木固定，膜面连接角钢固定，膜面连接压板固定，膜面连接共 6 个子目。

(3) 索网铺设、连接与固定应包括钢索现场展开并铺设成交叉斜向索网或纵横向索网，利用连接件将钢索进行交叉连接和交叉固定，索网与基础周圈预埋件或连接件进行连接固定。索网铺设人工消耗量应按《标准》的规定计算，索网连接与固定的人工与材料消耗量应按《标准》的相关规定计算。

索网铺设分为索直径 $\phi \leqslant 16$mm 纵横向、索直径 $\phi \leqslant 16$mm 斜向交叉、索直径每增加 2mm 纵横向、索直径每增加 2mm 斜向交叉、索网交叉连接、索网交叉固定、底部固定共 7 个子目。

(4) 智能控制系统安装应包括控制系统就位、固定，报警器及传感器的安装。智能控制系统安装的人工和材料消耗量及布线安装的消耗量应按照《标准》执行。

智能控制系统安装分为传感器、民用控制装置的安装、工业控制装置的安装、民用控制装置的调试、工业控制装置的调试共5个子目。

(5) 发电机及充气设备安装应包括单个风机、风机柜、组合式风机机组及发电机的就位、固定、密封处理，单个风机、风机柜、组合式风机机组及发电机的现场调试。单个风机、风机柜、组合式风机机组及发电机安装消耗量按《标准》中表5.3.5计算，电气布线安装的消耗量按照《标准》第5.1.3条第8款执行。

发电机及充气设备安装分为单个风机箱、风机柜、组合式风机机组、发电机共4个子目。

(6) 充气设备安装还应包括金属送风管道支架固定、管道安装，止回阀、排风阀（含执行器）的安装、密封处理。安装消耗量按《标准》中表5.3.6计算。电气布线安装的消耗量按照《标准》第5.1.3条第8款执行。

充气设备安装分为管道及支架，止回阀，排风阀共3个子目。

(7) 空调设备安装应包括空调模块机的就位、固定，空调循环系统循环泵、管道、阀门、支架的安装，循环系统与空调模块机、空调机组的连接固定，循环系统的保温处理及保护、空调系统的调试。空调设备安装消耗量应按《标准》中表5.3.7计算；电气布线安装的消耗量按照《标准》第5.1.3条第8款执行。

空调设备安装分为空调模块机、空调循环系统共2个子目。

(8) 人员进出门的安装应包括应急门、平开门及旋转门的安装，塞口、填料及五金安装、门与气膜主体的连接固定。安装消耗量应按《标准》中表5.3.8计算。

人员进出门安装分为应急门、平开门、整体吊装式旋转门、现场拼装式旋转门共4个子目。

(9) 人员进出门的安装还应包括闭门器、开门机等五金及电动装置、互锁装置安装、调试等。对应的消耗量应按《标准》中表5.3.9计算。

人员进出门配套装置安装分为闭门器、开门机、平开门互锁装置共3个子目。

(10) 车辆进出门的安装应包括成品工业提升门、涡轮式快卷门及五金、启动装置安装、电控制装置安装。消耗量按《标准》中表5.3.10计算。

车辆进出门的安装分为工业提升门、涡轮式快卷门、提升门电控装置、快卷门电控装置共4个子目。

(11) 照明灯具的安装应包括挂式、立柱式照明灯具安装，应急照明灯、应急指示灯安装、照明灯杆安装。照明灯具安装消耗量应按《标准》中表5.3.11计算，电气布线安装的消耗量按照《标准》第5.1.3条第8款执行。

照明灯具安装分为吊挂式照明、立柱式照明、应急照明灯、应急指示灯、立柱式灯杆共5个子目。

(12) 保温层安装应包括双面铝箔玻璃纤维棉、双面铝箔气凝胶毡、双面铝箔聚乙烯泡棉、双面铝箔橡塑棉的展开、就位及连接固定。安装消耗量应按《标准》中表5.3.12计算。

保温层安装分为玻璃纤维棉、气凝胶毡、聚乙烯泡棉、橡塑保温棉共4个子目。

(13) 气承式膜结构充气成形、系统调试应包括充气过程中周边检查、调整，充气成形，控制系统。对应的消耗量应按《标准》中表5.3.13计算。

充气成形、系统调试分别执行充气成形、系统调试子目。

4. 气枕式膜结构

(1) ETFE气枕式膜结构安装应包括定位放线、膜片单元安装、型材及胶条安装，安装消耗量应按《标准》中表5.4.1计算。

ETFE膜结构安装分别执行气枕式膜结构、气枕式膜附件子目。

（2）智能充气系统安装应包括定位放线，充气泵、管道、附件安装固定及气枕和智能充气系统的调试。智能充气系统安装消耗量应按《标准》中表5.4.2计算。

智能充气系统安装分为智能充气泵、充气主管道、充气支管道、调试共4个子目。

（3）防鸟系统安装应包括定位放线、安装固定、调试。安装消耗量应按《标准》中表5.4.3计算。

防鸟系统安装分为双线、三线共2个子目。

5. 二次钢构

（1）托膜管安装包括定位放线、安装就位、焊接固定。消耗量应按《标准》中表5.5.1计算。

托膜管安装分为托膜管外径$\phi \leqslant 60$mm、$t=5$mm，托膜管外径60mm$<\phi \leqslant 100$mm、$t=5$mm共2个子目。

（2）连膜钢板安装包括定位放线、安装就位、焊接固定。消耗量应按《标准》中表5.5.2计算。

连膜钢板安装分为板宽$b \leqslant 80$mm、$t=8$mm，板宽80mm$<b \leqslant 120$mm、$t=8$mm共2个子目。

（3）锚固钢节点安装应包括定位放线、安装就位、焊接固定。消耗量按《标准》中表5.5.3计算。

锚固钢节点安装分为单件质量≤5kg、单件质量>5kg每增加1kg共2个子目。

6. 附件

（1）膜结构边界连接件安装应包括定位放线、安装就位、螺栓销轴固定。钢压板、铝型材和铝压板的安装消耗量应分别按《标准》中表5.6.1-1、表5.6.1-2、表5.6.1-3计算。

边界连接件安装分为钢压板线重≤3.0kg/m、钢压板线重>3.0kg/m每增0.5kg/m、铝型材线重≤2.0kg/m、铝型材线重>2.0kg/m每增0.2kg/m、铝压板线重≤1.0kg/m、铝压板线重>1.0kg/m每增0.2kg/m共6个子目。

（2）膜结构节点安装应包括定位放线、安装就位、螺栓销轴固定。铝合金节点、不锈钢节点和碳钢节点安装消耗量应分别按《标准》中表5.6.2-1、表5.6.2-2、表5.6.2-3计算。

节点安装分为铝合金节点单件质量≤2.0kg、铝合金节点单件质量>2kg每增0.2kg、不锈钢节点单件质量≤4.0kg、不锈钢节点单件质量>4kg每增0.2kg、碳钢节点单件质量≤3.0kg、碳钢节点单件质量>3kg每增0.2kg共6个子目。

（3）钢配件安装应包括定位放线、安装就位、螺栓销轴固定。安装消耗量应按《标准》中表5.6.3计算。

钢配件安装分为直形构件、弧形构件共2个子目。

7. 使用《标准》时注意各项目、子目计量单位的变化，如按照“计量面积”计算，按照“长度”计算，按照“数量”计算，按照“质量”计算

消耗量表格组成有的加上必要的附注，当使用中有与附注描述相同时，应注意对其消耗量换算使用。

7.3.5 组价规定

1. 一般规定

（1）膜结构工程造价应包括膜结构工程专项技术费、分部分项工程费、措施项目费、其他项目费、规费和税金。

膜结构工程造价由工程专项技术费、分部分项工程费、措施项目费、其他项目费、规费和税金组成，分部分项工程费、措施项目费、其他项目费包含人工费、材料费、施工机具使用费、企业管理费和利润。

（2）膜结构分部分项工程和措施项目应采用综合单价计价。

膜结构工程综合单价是完成每一个规定计量单位的分部分项工程或措施清单项目所需的基价和企业管理费、利润以及一定范围内的风险费用。不包括税金。

膜结构工程基价由人工费、材料和工程设备费、机械和施工机具使用费组成。基价中的人工、材料、机械等价格费用均为工程施工期的市场价格，在编制投标报价、工程预算、工程结算时，应全部实行当期市场价格。

（3）膜结构工程竣工后，承包人应按合同约定向发包人提交竣工结算书，发包人应按合同约定进行审核办理结算。

编制竣工结算时，材料（设备）暂估价若是招标采购的，应按中标价调整；若为非招标采购的，应按发、承包双方最终确认的材料（设备）单价调整。材料（设备）暂估价价格差额只计取税金。

专业工程结算价中应包括专业工程施工所发生的分部分项工程费、专业施工的措施项目费、税金等全部费用。

2. 膜结构工程专项技术费

（1）膜结构工程专项技术应根据拟建工程的实际情况列项，并依据招标文件或工程合同要求确定。

（2）应计入膜结构工程专项技术费的项目包括膜结构工程专项设计费、专项技术服务费、专项智能信息处理费、工程研究试验费等。

膜结构工程专项设计费是指膜结构工程建设所需的膜结构深化设计、膜裁剪图设计、二次钢构的深化设计、索的下料图设计、附件的节点图设计、充气设备及电气系统的选型设计等膜结构工程专项的设计费用。

膜结构工程专项技术服务费是指膜结构施工承包合同以外的技术指导、技术咨询等服务费用。

充气膜结构工程专项智能信息处理费是指充气膜结构控制系统需要的软件开发、组态软件及组态界面的开发、移动网络客户端开发、远程运营维护等费用。

膜结构工程研究试验费是指为建设项目提供和验证设计参数、数据、资料等进行必要的研究和试验，以及设计规定在施工中必须进行试验、验证所需要的费用。包括自行或委托其他部门的专题研究、试验所需人工费、材料费、试验设备及仪器使用费等。

3. 膜结构工程分部分项工程费

（1）分部分项工程费应包括膜结构工程中需列支的人工费、材料费、施工机具使用费、企业管理费和利润等。人工费、材料费和施工机具使用费应由按本标准计算的消耗量与单价的乘积计算。

膜结构工程中的人工、材料、施工机具等价格费用应为工程施工期的市场价格，在编制投标报价、工程预算、工程结算时，应全部实行当期市场价格。

人工费是指按工资总额构成规定，支付给从事膜结构工程加工、安装施工的生产工人和附属生产单位工人的薪酬。内容包括：工资性收入、奖金、津贴补贴、加班加点工资、特殊情况下支付的工资、职工福利费、工会经费、职工教育经费、交通补助和劳动保护费等。

材料费是指膜结构工程加工、安装过程中耗费的原材料、辅助材料、构配件、零件、半成品或成品、工程设备的费用以及周转材料等的摊销、租赁费用。内容包括：材料原价、运杂费、运输损耗费、采购及保管费。

其他材料费是指膜结构工程加工、安装施工过程中必须耗费，但在消耗量中未载明具体名称的材料费用。内容包括：零星材料和辅助材料的费用。其他材料费以占计价材料费的百分比表示，宜按下式计算：

$$Q_c = \Omega C_f \tag{7-3}$$

式中：Q_c——其他材料费（元）；

Ω——占计价材料费的百分比，取值见各消耗量计算表；

C_f——消耗量计价材料费（元）。

工程设备：构成或计划构成永久工程一部分的机电设备、金属结构设备、仪器装置及其他类似的设备和装置。

施工机具使用费是指膜结构工程加工、安装施工作业所发生的施工机械、仪器仪表使用费或其租赁费，包括施工机械使用费和施工仪器仪表使用费。

施工机械使用费是指施工机械作业发生的使用费或租赁费。施工机械使用费以施工机械台班耗用量与施工机械台班单价的乘积表示，施工机械台班单价由折旧费、检修费、维护费、安拆费及场外运费、人工费、燃料动力费及其他费组成。

施工仪器仪表使用费是指工程施工所发生的仪器仪表使用费或租赁费。施工仪器仪表使用费以施工仪器仪表台班耗用量与施工仪器仪表台班单价的乘积表示，施工仪器仪表台班单价由折旧费、维护费、校验费和动力费组成。

其他机具费是指在膜结构工程加工、安装过程中必须耗费，但在消耗量中未载明具体名称的机械、机具的费用。内容包括：小型机械使用费、生产工具使用费。其他机具费以占计价人工费的百分比表示，宜按下式计算：

$$Q_j = \omega R_g \tag{7-4}$$

式中：Q_j——其他机具费（元）；

ω——占计价人工费的百分比，取值见各消耗量计算表；

R_g——消耗量计价人工费（元）。

企业管理费是指膜结构工程加工、安装施工企业组织施工生产和经营管理所需的费用。内容包括：管理及服务人员工资、办公费、差旅交通费、固定资产使用费、工具用具使用费、劳动保险和职工福利费、劳动保护费、工程质量检测费、财产保险费、财务经费以及其他上述费用以外发生的费用。企业管理费宜按本标准附录相关规定计算。

利润是指膜结构工程加工、安装施工企业完成所承包工程获得的盈利。利润宜按本标准第8章相关规定计算。

(2) 分部分项工程费应依据招标文件及其招标工程量清单中分部分项工程量清单项目的特征描述确定综合单价计算，并应符合下列规定：

① 综合单价中应考虑招标文件中要求投标人承担的风险费用。综合单价中的利润为可竞争费用，企业管理费可根据企业的管理水平和工程项目的具体情况自主报价，但不得影响工程质量、安全、成本。

② 招标工程量清单中提供了材料和工程设备暂估单价的，应按暂估单价计入综合单价。

确定分部分项工程和措施清单项目中综合单价的重要依据之一是该清单项目的特征描述，投标报价应依据特征描述确定综合单价。当施工中施工图纸或设计变更与招标清单特征描述不一致时，发承包双方应按实际施工的项目特征依据合同重新确定综合单价。

承包人应承担的风险内容和范围，应计入综合单价。在施工过程中，当出现的风险内容及范围（幅度）在规定的范围内时，价款不作调整。

4. 膜结构工程措施项目费

(1) 膜结构工程措施项目费由工程施工准备和施工过程中的技术、生活、安全、环境保护等方面的项目应予列支的各项费用构成。

(2) 技术措施项目应根据拟建工程的实际情况列项，基于工程施工组织设计或施工方案确定。

(3) 技术措施项目内容可包括：预张力施加，脚手架，猫道，操作平台，垂直运输，大型机械设备进出场及安拆，冬雨期施工，夜间施工增加，二次搬运，特殊地区施工增加，已完工程及设备保护，其他为完成膜结构工程施工发生而未列明的措施项目。

膜结构工程施工期间发生有下列情形的，措施项目费应根据工程具体情况，依据工程施工组织设计或施工方案合理确定，费用另行计算。

① 预张力施加费是为完成膜结构工程施工，对索和膜进行预张力施加时，所需要的各种张拉工装、张力检测设备的费用。

② 脚手架费是为完成膜结构工程施工，所需要的各种脚手架搭、拆、运输及脚手架的摊销（或租赁）的费用。

③ 猫道费是为完成膜结构工程施工，所需要的各种猫道的搭、拆、运输及猫道的摊销（或租赁）的费用。

④ 操作平台费是为完成膜结构工程施工，所需要的各种操作平台的搭、拆、运输及操作平台的摊销（或租赁）的费用。

⑤ 垂直运输费是为完成膜结构工程施工，所需要的通过各种吊车、起重设备、运料机等把所用材料从地面处运送到安装位置所发生的机械设备购买或租赁费用。

⑥ 大型机械设备进出场及安拆费是为完成膜结构工程施工，所需要的各种大型机械设备整体或分体自停放场地运至施工现场或由一个施工地点运至另一个施工地点，所发生的机械进出场运输及转移费用及机械在施工现场进行安装、拆卸所需的人工费、材料费、机械费、试运转费和安装所需的辅助设施的费用。

⑦ 冬雨期施工增加费是为完成膜结构工程施工，在冬期或雨期施工需增加临时设施

（防寒保温、防雨、防风、防滑、排除雨雪设施）的人工及施工机械效率降低等费用。

⑧ 夜间施工增加费是为完成膜结构工程施工，因夜间施工所发生的夜班补助费、夜间施工降效、夜间施工照明设备摊销及照明用电等费用。

⑨ 二次搬运费是为完成膜结构工程施工，因施工场地条件限制而发生的材料、构配件、半成品等一次运输不能到达堆放地点，必须进行二次或多次搬运所发生的费用。

⑩ 特殊地区施工增加费是为完成膜结构工程施工，工程在沙漠或其边缘地区、高海拔、高寒、原始森林等特殊地区施工增加的费用。

⑪ 已完工程及设备保护费是为完成膜结构工程施工，竣工验收前，对已完工程及设备采取的必要保护措施所发生的费用。

⑫ 其他为完成膜结构工程施工发生而未列明的措施项目所发生的费用。

（4）措施项目中的安全文明施工费应包括环境保护费、文明施工费、安全施工费、临时设施费，应按照国家或省级、行业建设主管部门的规定计价，不得作为竞争性费用。

膜结构工程安全文明施工费是在施工期间按照国家、地方现行的环境保护、建筑施工安全（消防）、施工现场环境与卫生等法规与条例的规定，购置和更新施工安全防护用具及设施，改善现场安全生产条件和作业环境需要的费用。

膜结构工程临时设施费是为完成施工，所必需的生活和生产用的临时建筑物、构筑物和其他临时设施费用等。膜结构工程临时设施包括：临时宿舍、文化福利及公用事业房屋与构筑物，仓库、办公室加工房以及规定范围内道路、水、电、管线以及简易施工围墙等临时设施和小型临时设施。临时设施费用内容包括：临时设施的搭设、维修、拆除或摊销费。

安全文明施工费不得低于工程所在地标准，应单独列出，不得作为竞争性费用。

5. 膜结构工程其他项目费

（1）膜结构工程其他项目费应包含暂列金额、暂估价、计日工组成。

（2）其他项目费应按下列规定组价：

① 暂列金额应按招标工程量清单中列出的金额填写；

② 材料、工程设备暂估价应按招标工程量清单中列出的单价计入综合单价；

③ 计日工应按招标工程量清单中列出的项目和数量，自主确定综合单价并计算计日工总额。

暂列金额应按招标工程量清单中列出的金额填写，不得变动；

暂估价不得变动和更改。暂估价中的材料、工程设备必须按暂估单价计入综合单价；

计日工应按招标工程量清单中列出的项目和估算的数量，自主确定综合单价并计算费用。

6. 规费

（1）规费应依据国家法律、法规，按省级政府和省级有关权力部门的规定缴纳或计取。

（2）规费应单独列出，不得低于工程所在地标准，不得作为竞争性费用。

7. 税金

（1）税金包括按国家税法规定应计入工程造价的增值税、税金（含附加税费），不包括企业工人个人应缴纳的个人所得税。

（2）税金应单独列出，不得低于国家税法规定的标准，不得作为竞争性费用。

8. 膜结构工程风险内容、范围及幅度的规定

（1）招标文件及合同中应明确风险内容、范围及其幅度，不得采用无限风险、所有风险或类似语句规定风险内容、范围及幅度，不得约定明显风险不合理或显失公平的内容。

承包人应完全承担的风险是技术风险和管理风险，如管理费和利润；应有限度承担的市场风险，如材料价格、施工机械使用费以及人工费；不应承担法律、法规、规章和政策变化的风险。

（2）膜结构工程风险内容、范围、幅度及调整方法应符合现行国家或省级、行业建设主管部门的规定，并应符合下列规定：

① 人工、主要材料和机械风险幅度宜约定在±3%以内。

② 价格变化幅度应按以下原则确定：承包人在已标价工程量清单或预算书中载明单价低于（高于）基准价时，合同履行期间价格的涨幅（跌幅）应以基准价格为基础确定，跌幅（涨幅）应以已标价工程量清单或预算书中载明单价为基础确定。承包人在已标价工程量清单或预算书中载明单价等于基准价或未载明单价时，合同履行期间价格的涨（跌）幅度应以基准价格为基础确定。

③ 超过风险幅度应按以下原则调整：合同履行期间人工、主要材料、工程设备和施工机械台班价格的变化幅度小于或等于合同中约定的价格变化幅度时，不应做调整；变化幅度大于合同中约定的价格变化幅度时，应当计算全部价格差额，其价格差额由发包人承担或受益。

通过参考相关规定，按照风险共担、合理分担原则，膜结构工程风险宜控制在上限不超过3%和下限不低于3%范围内。

超过风险幅度的调整：

① 基准价：招标人应在招标文件中明确投标报价的具体月份为基准期，与基准期对应的主要材料和机械以及人工市场价格为基准价。基准价应以市场信息价格为依据确定。未发布造价信息的，应以发包人、承包人共同确认的市场价格为依据确定。

② 合同履行期间价格：

人工、施工机械台班价格应以发包人、承包人共同确认的价格为准。若发包人、承包人未能就施工期市场价格达成一致，可以参考施工期的造价信息价格。

合同履行期间的材料、工程设备价格，可选用施工期市场价格或采购价。

材料、工程设备市场价格：应以发包人、承包人共同确认的价格为准。若发包人、承包人未能就施工期市场价格达成一致，可以参考施工期的造价信息价格。

材料、工程设备采购价：承包人应根据施工进度安排在采购材料、工程设备前将采购数量和单价报发包人核对，发包人应根据施工进度及时确认采购材料、工程设备的数量和单价。不同渠道（批次）采购的同一种材料或工程设备的采购价，可按下式计算加权平均价：

$$AP = \frac{\sum_{i=1}^{n} X_i J_i}{\sum_{i=1}^{n} X_i} \tag{7-5}$$

式中：AP——某种材料或工程设备不同渠道（批次）采购加权平均价；

X_i——某种材料或工程设备不同渠道（批次）采购供应的数量；

J_i——某种材料或工程设备不同渠道（批次）采购的单价；

i——某种材料或工程设备不同渠道（批次）采购序号；

n——同一种材料或工程设备采购渠道（批次）的数量。

（3）膜结构工程项目发生合同工期延误，因价格波动损失或受益导致合同履行期间价款变化的，应按照工期延误原因分担原则调整合同价款。

发生合同工期延误的，合同履行期间价款调整宜按照下列原则执行：

1）工期延误

① 因非承包人原因导致工期延误的，计划进度日期后续工程的人工、材料、工程设备、施工机械台班价格，应采用计划进度日期与实际进度日期对应价格两者的较高者。

② 因承包人原因导致工期延误的，计划进度日期后续工程的人工、材料、工程设备、施工机械台班价格，应采用计划进度日期与实际进度日期对应价格两者的较低者。

③ 工期延误既有承包人原因，也有因非承包人原因的，延误期间发生的人工、材料、工程设备、施工机械台班价格涨跌，由发承包双方按责任大小分担。

2）延期开工

发承包双方签订施工合同后，由于征地拆迁、设计调整等原因导致延期开工的，发承包双方应当及时签订补充协议，确定延期开工导致的价格波动损失或受益分担原则。

注：工期延误或窝工降效事件发生后，承包人应当按照合同约定的期限及时通知发包人和（或）监理人，相应的工期和（或）费用损失可按照下列原则处理：

① 发包人原因导致工期延误的，承包人应当按照合同约定期限提出工期顺延和费用损失申请，发包人应当在合同约定的期限内及时处理，相应地顺延工期和承担费用损失。

② 发包人原因造成窝工降效的，承包人可根据实际影响情况并按照合同约定期限提出工期顺延和（或）费用损失申请，发包人应当在合同约定的期限内及时处理，相应地顺延工期和（或）承担费用损失。

③ 发承包双方原因导致工期延误或窝工降效的，承包人可根据实际影响情况并按照合同约定期限提出工期顺延和（或）费用损失申请，发包人应当在合同约定的期限内及时处理，并按过错责任分担工期和（或）费用损失；责任划分不清的，以主导原因为主承担工期和（或）费用损失。

④ 承包人原因导致工期延误或窝工降效的，在不影响工程安全和质量的前提下，承包人应当及时采取必要的赶工措施，确保工程按期竣工，由此增加的费用由承包人承担，但发包人应当给予必要的配合，并根据相应的更新进度计划实施进度管理。

⑤ 非发承包双方原因导致工期延误或窝工降效的，承包人可根据实际影响情况并按照合同约定期限提出工期顺延和（或）费用损失申请，发包人应当在合同约定的期限内及时处理，给予顺延工期，发承包双方应根据公平原则分担费用损失。

（4）发生发包人要求压缩工期时，工期压缩量与费用计算应符合下列规定：

① 发包人应提出保证工程质量、安全和工期的具体技术措施，并根据技术措施测算确定发包人要求工期。压缩工期的幅度超过10%（不含）的，应组织专家对相关技术措施进行合规性和可行性论证，并承担相应的质量安全责任。

② 招标人应在招标工程量清单的措施项目中补充编制赶工措施增加费项目，并在招标文件的附件中列明相关技术措施。赶工措施项目费应根据工程具体情况，依据工程施工组织设计或施工方案合理确定，费用另行计算。

通过参考相关规定，发生发包人要求压缩工期时，发包人应提供相关技术措施；其次，压缩幅度超过10%的，还应通过专家论证的方式保证所提供技术措施的合规性和可行性，切实保障工期目标的实现。

赶工措施增加费应按《标准》规定的技术措施测算，也可按下式计算：

$$G_f = \varphi Z_j R_t \tag{7-6}$$

式中：G_f——膜结构工程赶工措施增加费（元）；

φ——每压缩一天工期所占膜结构工程造价（不含设备费）的基数（‰/天）；

Z_j——需要压缩工期的膜结构工程造价（元）；

R_t——需要压缩工期的日历天数（天）。

7.3.6 膜结构工程工期

1. 一般规定

（1）在国内实施的各类膜结构工程工期测算可按本章规定进行，测算的工期可作为膜结构工程在可行性研究、初步设计、招标阶段确定工期和签订工程承包合同的依据。

（2）工期应包括膜结构专项设计，膜材、膜结构拉索、二次钢构及各种附件等的材料采购，制作、运输、安装及调试完成所需要的日历天数，不包括主体结构的基础、钢结构、索结构工程的工期。

（3）发生设计变更、异常天气、不可抗力等因素或政策性影响，工期应按合同约定或协商一致进行调整。

（4）超出本标准范围的应按实际情况另行测算工期。

注：膜结构工程工期是为确定膜结构工程建设施工招标计算工期提供科学依据，是合理确定直接发包工程合同工期的参考依据；是编制施工组织设计，确定投标工期的参考依据。

膜结构工程工期以日历天为单位，综合考虑了冬期施工、雨期施工、一般气候影响、常规地质条件和节假日等因素，并结合国家法律法规的规定、建筑施工规范和技术操作规程要求等进行测算确定。

（5）施工工期的调整（合同不得违法约定任何情况下均不予顺延工期）

① 因不可抗力、异常恶劣天气或政府政策性影响施工进度或造成工程暂停施工的，经发包、承包双方确认，工期可顺延。

② 因设计变更或发包方原因造成工期变化的，经发包、承包双方确认后，工期可调整。因承包方原因造成工期延误的，应按原合同工期执行。

③ 因拆迁、地下管线改移未完成，不能按合同约定时间开工时，由发包、承包双方确定调整工期。

④ 设计、施工技术规范或质量管理文件要求，冬季不能施工而影响关键线路工期时，由发包、承包双方确认后调整工期。

施工工期的调整，下列情形之一导致关键线路工期延误的，合同工期应当予以顺延：

① 发生合同约定的变更；

② 法律或行政法规发生变化；

③ 发包人未按合同约定提供图纸或基础资料；

④ 发包人原因造成工程返工（返修）或监理人迟延检查和检验；

⑤ 发包人未按合同约定支付工程款；

⑥ 发包人或者监理人未按合同约定发出指示、批准等文件；

⑦ 发包人未按合同约定提供场地、材料或设备；

⑧ 发包人原因造成暂估价项目合同迟延订立或迟延履行；

⑨ 发包人平行发包的专业工程迟延开工或迟延施工；

⑩ 非承包人原因停水、停电造成停工超过合同约定时间；

⑪ 保护施工现场发现的文物古迹；

⑫ 不可抗力、不利物质条件、异常恶劣天气或者政策性原因导致的停工；

⑬ 其他非承包人原因造成关键线路工期延误的情形。

因前述几款情形造成工期延误但发包人不予顺延工期的，承包人为保障原工期目标实现所增加的合理投入和费用损失均应当由发包人承担且不影响承包人获得顺延工期的权利。

（6）工程实际开工日期的确定

① 开工日期为发包人或者监理人发出的开工通知载明的时间；开工通知发出后，尚不具备开工条件的，以开工条件具备的时间为开工日期；因承包人原因导致开工时间推迟的，以开工通知载明的时间为开工日期。

② 承包人经发包人同意已经实际进场施工的，以实际进场施工时间为开工日期。

③ 发包人或者监理人未发出开工通知，亦无相关证据证明实际开工日期的，应当综合考虑开工报告、合同、施工许可证、竣工验收报告或者竣工验收备案表等载明的时间，并结合是否具备开工条件的事实，认定开工日期。

（7）工程实际竣工日期的确定

① 工程经竣工验收合格的，以承包人提交竣工验收申请报告之日为实际竣工日期。

② 因发包人原因，未在监理人收到承包人提交的竣工验收申请报告42天内完成竣工验收，或完成竣工验收不予签发工程接受证书的，以提交竣工验收申请报告的日期为实际竣工日期。

③ 工程未竣工验收，发包人擅自使用的，以转移占有工程之日为竣工日期。

合同应当载明工期以及进度管理的相关要求，包括但不限于：

① 计划开工日期、计划竣工日期以及工期日历天数；

② 中间交工要求的，中间交工区及交工时间；

③ 开工通知及开工日期的确定原则；

④ 进度计划管理的人员配置要求；

⑤ 进度计划的编制要求，包括计算机应用软件要求；

⑥ 基准进度计划编制及确认的程序和期限；

⑦ 更新进度计划编制及确认的程序和期限；

⑧ 同期转移的形式、内容和确认要求；

⑨ 确认工期顺延的程序和期限以及工期应予顺延的情形；

⑩ 工期延误和干扰事件的责任承担原则；

⑪ 保障工程安全、质量和工期的技术措施要求。

（8）压缩定额工期的规定

① 发包人压缩定额工期的，应提出保证工程质量、安全和工期的具体技术措施，并根据技术措施测算确定发包人要求工期。压缩定额工期的幅度超过10%（不含）的，应组织专家对相关技术措施进行合规性和可行性论证，并承担相应的质量安全责任。

招标人压缩定额工期的，应在招标工程量清单的措施项目中补充编制赶工增加费项目，并在招标文件的附件中列明相关技术措施。

赶工增加费应按规定的技术措施测算，单独列项计取税金后计入最高投标限价。

投标人应当响应招标文件的工期要求，并根据招标条件和自身施工技术水平及管理能力等合理确定投标工期。

② 投标人压缩定额工期的，投标文件中应明确按期完成并保证工程质量、安全的具体技术措施，承担相应的工程质量安全责任；压缩定额工期超过10%（不含）的，投标人的相关技术措施应组织专家论证并通过施工单位的企业技术负责人审批。

2. 工期测算

（1）测算工期应综合考虑一般气候条件、常规地质条件和节假日影响以及各道工序的合理搭接。

（2）各类型膜结构工程的工期可参照《标准》附录B.2.4、B.2.5、B.2.6和B.2.7条测算。

膜结构工期综合考虑了一般气候条件、常规地质条件和节假日影响以及各道工序合理搭接的情况并结合工程经验，B.2.4、B.2.5、B.2.6和B.2.7条分别给出了各类型膜结构工程的工期测算，可参考采用。

（3）采购工期按供货商有库存的情况测算；没有库存时，按实际情况计算。

膜结构工程工期中的材料采购工期，为有库存情况下的工期，包括膜材、拉索、二次钢构、附件、充气设备等。如果材料按工程特殊要求需要定制生产、或者面积较大需要按订单生产、或者进口材料在国内没有现货需要重新进口等没有库存的情况，采购工期按照实际情况计算。

（4）整体张拉式和索系支承式膜结构工程的工期，应按《标准》中表B.2.4-1、表B.2.4-2和表B.2.4-3进行测算。

（5）骨架式膜结构工程的工期，应按《标准》中表B.2.5-1和表B.2.5-2进行测算。

（6）气承式膜结构工程的工期，应按《标准》中表B.2.6进行测算。

（7）气枕式膜结构工程的工期，应按《标准》中表B.2.7进行测算。

7.3.7 膜结构工程行业费用

1. 一般规定

（1）膜结构行业费用应包括企业管理费和利润。

（2）企业管理费应按膜结构工程等级确定取费费率。

（3）企业管理费应以膜结构工程相应部分人工费、材料费以及施工机具使用费之和为基数计算。

（4）利润应以膜结构工程相应部分人工费、材料费、施工机具使用费以及企业管理费之和为基数计算。

2. 膜结构工程各项费率

（1）企业管理费费率应按表7-6（《标准》中表C.2.1）取值。

企业管理费费率　　**表7-6**

工程等级	计费基数	企业管理费费率（%）
Ⅰ级	人工费＋材料费＋施工机具使用费	6.0～8.0
Ⅱ级	人工费＋材料费＋施工机具使用费	5.5～7.5
Ⅲ级	人工费＋材料费＋施工机具使用费	4.5～6.5

（2）企业利润费率应按表7-7（《标准》表C.2.2）取值。

企业利润费率　　**表7-7**

计费基数	企业利润费率（%）
人工费＋材料费＋施工机具使用费＋企业管理费	5.0～7.0

7.3.8 膜结构工程计价程序

1.《标准》附表一（表7-8）解读

膜结构工程投标报价计算表　　**表7-8**

序号	项目			计算式
1	分部分项工程费			
1.1	其中	人工费		
1.2		材料（设备）暂估价		
2	措施项目费			
2.1	其中	人工费		
2.2		安全文明施工费		
3	其他项目费			
3.1	其中	计日工		
3.1.1		其中	人工费	
3.2		专业工程暂估价		
3.3		暂列金额		
4	专项技术费			（1.1＋2.1＋3.1.1）×相应费率
5	规费			（1.1＋2.1＋3.1.1）×相应费率
6	税前造价			（1＋2＋3.1＋4＋5）
7	税金			6×相应费率
8	合计			1＋2＋3＋4＋5＋7

注：1. 计算规费时，以人工费为计取基数的工程，2.1人工费中不包括安全文明施工费中的人工费。
2. 此表可根据工程具体情况增加项目。

解读：

（1）安全文明施工费应按照国家或省级、行业建设主管部门的规定计价，不得作为竞争性费用。

（2）措施项目费应依据工程施工组织设计或施工方案合理确定。

（3）计日工应按招标工程量清单中列出的项目和估算的数量，自主确定综合单价并计算费用。

（4）专业工程暂估价不得变动和更改。暂估价中的材料、工程设备必须按暂估单价计入综合单价。

（5）暂列金额应按招标工程量清单中列出的金额填写，不得变动。

（6）膜结构工程专项技术应根据拟建工程的实际情况合理确定。

（7）规费以各省市规费计算要求计算。

（8）税金以税前造价为基数乘以相应税率或征收率计算。

2.《标准》附表三（表 7-9）解读

膜结构工程综合单价计算表（以单价为基数） **表 7-9**

序号	项目	计算式
1	基价	人工费＋材料费＋施工机具使用费
2	企业管理费	1×相应费率
3	利润	（1＋2）×相应费率
4	综合单价	1＋2＋3

解读：

（1）基价中的人工费应依据《标准》计算相应数量乘以工程属地市场单价计算相应费用。

（2）基价中的材料费应依据《标准》计算相应数量乘以工程属地市场单价计算相应费用。

（3）基价中的施工机具使用费应依据《标准》计算相应数量乘以工程属地市场单格算相应费用。

（4）企业管理费应以《标准》计取的基价之和为基数乘以费率计算。

（5）利润应以《标准》计取的基价之和＋企业管理费总和为基数乘以费率计算。

参考文献

［1］ 薛素铎. 充气膜结构设计与施工技术指南［M］. 北京：中国建筑工业出版社，2019.

［2］ 中国工程建设标准化协会. 膜结构技术规程：CECS 158：2015［S］. 北京：中国计划出版社，2015.

［3］ 国家质量监督检验检疫总局，中国国家标准化管理委员会. 膜结构用涂层织物：GB/T 30161—2013［S］. 北京：中国标准出版社，2013.

［4］ 住房和城乡建设部. 建设工程工程量清单计价规范：GB 50500—2013［S］. 北京：中国计划出版社，2013.

［5］ 住房和城乡建设部. 房屋建筑与装饰工程工程量计算规范：GB 50854—2013［S］. 北京：中国计划出版社，2013.

［6］ 住房和城乡建设部. 索结构技术规程：JGJ 257—2012［S］. 北京：中国建筑工业出版社，2012.

［7］ 陈务军. 膜结构工程设计［M］. 北京：中国建筑工业出版社，2005.

［8］ 杨庆山. 张拉索—膜结构分析与设计［M］. 北京：科学出版社，2004.

［9］ 张其林. 膜结构在我国的应用回顾和未来发展［J］. 建筑结构，2019，49（19）：55-64.

［10］ 龚景海. 充气膜结构分析设计关键技术最新研究进展［C］//第十六届空间结构学术会议论文集，2016：243-250.

［11］ 蓝天. 当代膜结构发展概述［J］. 世界建筑，2000（9）：17-20.

［12］ 李雄彦. 建筑膜材力学性能试验研究综述［J］. 建筑结构，2021，51（S1）：588-593.